A OPÇÃO-TERRA

LEONARDO BOFF

A OPÇÃO-TERRA
A solução para a Terra não cai do céu

EDITORA RECORD
RIO DE JANEIRO • SÃO PAULO
2009

CIP-BRASIL. CATALOGAÇÃO-NA-FONTE
SINDICATO NACIONAL DOS EDITORES DE LIVROS, RJ

B661e   Boff, Leonardo, 1938-
         A opção-Terra: a solução para a Terra não cai do céu /
         Leonardo Boff. — Rio de Janeiro: Record, 2009.
         Inclui bibliografia
         ISBN 978-85-01-08683-9

         1. Ética. 2. Ecologia social. 3. Ecologia humana. 4. Mudança
         climática. 5. Espiritualidade. I. Título.

09-1466   CDD 170
                                         CDU 17

Copyright © by Animus/Anima Produções Ltda., 2009.
Caixa Postal 92144 — Itaipava, Petrópolis, RJ — Cep 25741-970
Assessoria Jurídica do autor: Cristiano Monteiro de Miranda
(cristianommiranda@terra.com.br)

Diagramação: ô de casa
Capa: Adriana Monteiro de Miranda

Texto revisado segundo o Novo Acordo Ortográfico da Língua Portuguesa

Todos os direitos reservados. Proibida a reprodução, armazenamento
ou transmissão de partes deste livro, através de quaisquer meios,
sem prévia autorização por escrito.

EDITORA AFILIADA

Direitos exclusivos desta edição reservados pela
EDITORA RECORD LTDA.
Rua Argentina, 171 — Rio de Janeiro, RJ — 20921-380 — Tel.: 2585-2000

Impresso no Brasil
ISBN 978-85-01-08683-9
PEDIDOS PELO REEMBOLSO POSTAL
Caixa Postal 23.052 — Rio de Janeiro, RJ — 20922-970

Impresso no Brasil

2009

À Mirian Vilela, diretora
da Iniciativa *Carta da Terra*, pelo
que tem feito para cuidar de Gaia

SUMÁRIO

INTRODUÇÃO   11

Capítulo I
A BIOGRAFIA DA TERRA   17

1. Como nasceu e se formou a Terra   20
2. A peculiaridade da Terra   22
3. Como surgiram e se formaram os continentes   24
4. A floração mais bela: a vida   27
5. Como surgiu e se formou a vida humana   31
6. A grande dispersão e o surgimento das civilizações   33
7. A fase atual da Terra: a mundialização   34

Capítulo II
A TERRA COMO GAIA E CASA COMUM   45

1. A Terra vista de fora da Terra   48
2. Gaia, o novo olhar sobre a Terra   51
3. As devastações sofridas por Gaia   56
4. O que significa que somos Terra que sente e ama?   60

Capítulo III
AMEAÇAS QUE PESAM SOBRE GAIA   67

1. A Terra crucificada   70
2. Vozes de advertência   75
3. O caso da Amazônia   78

Capítulo IV
PODE O SER HUMANO DESAPARECER?   83

1. Possibilidade real do fim da espécie *homo*   86
2. Consequências do desaparecimento da espécie *homo*   89
3. Quem nos substituiria na evolução da vida?   91
4. Como a teologia cristã vê o eventual fim da espécie?   92

Capítulo V
A OPÇÃO-TERRA E A URGÊNCIA DA ECOLOGIA   97

1. A ecologia como resposta à crise da Terra   100
2. As várias expressões da ecologia   104
    a) Ecologia ambiental: a comunidade de vida   104
    b) Ecologia política e social: modo de vida sustentável   108
    c) Ecologia mental: novas mentes e novos corações   114
    d) Ecologia integral: pertencemos ao universo   119
3. Pode a nanotecnologia nos salvar?   122
4. A ética ecológica: cuidado e responsabilidade pelo Planeta   124

Capítulo VI
RUMO A UM NOVO PARADIGMA DE CIVILIZAÇÃO   129

1. Superação do paradigma vigente   131
2. O paradigma e suas características   134
3. A comunidade de vida   137
4. Universo: expansão, auto-organização e a autocriação   139
5. O paradigma da complexidade e a lógica da reciprocidade   143
6. O universo é espiritual?   148
7. O ponto Deus no cérebro   152
8. Conclusão: o Todo nas partes e as partes no Todo   155

Capítulo VII
UMA NOVA ÉTICA E ESPIRITUALIDADE PLANETÁRIA — 163

1. Crise, não tragédia — 165
2. Em busca de um novo paradigma ético-social — 168
3. Marcos de uma nova moralidade — 169
4. Uma espiritualidade da Terra — 177

Capítulo VIII
UM RECEITUÁRIO PARA CUIDAR DE GAIA: A *CARTA DA TERRA* — 181

1. Como surgiu a *Carta da Terra* — 184
2. Os conteúdos principais da *Carta da Terra* — 187
3. Compreensão, compaixão e amor pela Terra — 190
   a) Cuidar da comunidade de vida com compreensão — 190
   b) Cuidar da comunidade de vida com compaixão — 191
   c) Cuidar da comunidade de vida com amor — 193
4. A *Carta da Terra*: um novo reencantamento — 197

Capítulo IX
DICAS PRÁTICAS PARA CUIDAR DE GAIA — 201

1. Mudanças em nossa mente — 204
2. Mudanças na vida cotidiana — 206
3. Mudanças nas relações para com o meio ambiente — 207
4. Conselhos ecológicos do padre Cícero Romão — 210
5. Princípios ecológicos de um mestre e sábio — 211

Capítulo X
CELEBRAÇÃO À MÃE TERRA — 215

OUTRAS OBRAS DO AUTOR — 219

Introdução

Princípio-Terra

Nunca se falou tanto da Terra como nos últimos tempos. Parece até que a Terra acaba de ser descoberta. Efetivamente, os seres humanos fizeram um sem número de descobertas, de povos indígenas embrenhados nas florestas remotas, de seres novos da natureza, de terras distantes e de continentes inteiros. Mas a Terra nunca foi objeto de descoberta. Foi preciso que saíssemos da Terra e a víssemos de fora, para então descobri-la como Terra, Casa Comum e globo terrestre.

Isso ocorreu a partir dos anos 1960 com as viagens espaciais soviéticas e norte-americanas. Os astronautas nos revelaram imagens nunca antes vistas. Eles usaram expressões patéticas, como "a Terra parece uma árvore de Natal, dependurada no fundo escuro do universo", "ela é belíssima, resplandecente, azul-branca", "ela cabe na palma de minha mão e pode ser encoberta com meu polegar" (cf. F. White, 1987). Outros tiveram sentimentos de veneração e de gratidão. Todos voltaram com renovado amor pela Casa Comum, a nossa boa e velha Terra, nossa Mãe.

Esta imagem do globo terrestre visto do espaço exterior, divulgada pelas televisões, suscita em nós um sentimento de sacralidade e está criando um novo estado de consciência. Na perspectiva dos astronautas, a partir do cosmos, Terra e Humanidade formam uma única entidade. Nós não vivemos apenas na Terra. Somos a Terra que anda, como dizia o poeta cantante argentino Atauhalpa Yupanqui (cf. N. Galasso, 102 e 184). Somos a Terra que pensa, a Terra que ama, a Terra que sonha e a Terra que venera, a Terra que cuida. Somos filhos e filhas da Terra entre outros tantos que ela criou, formando a imensa comunidade de vida, desde bactérias, fungos, vírus, vegetais, peixes e animais até nós, seres humanos.

Ocorre que nos últimos tempos se anunciaram pesadas ameaças sobre a totalidade de nossa Terra. Daí a renovada preocupação por ela. Ela é a base de tudo. É ela que sustenta e possibilita a existência de todos os seres, e é a pressuposição de nossos projetos. Sem a Terra, nada é possível (cf. J. Hart, 2006, 61-78). Mas ela está doente em razão de séculos de agressões por parte da espécie *homo* que é simultaneamente *sapiens* (inteligente) e *demens* (demente). Esta espécie mostrou que pode ser homicida (mata homens) e etnocida (mata etnias). Agora pode ser ecocida (mata ecossistemas), biocida (mata espécies vivas) e, tragicamente, também geocida (mata a Terra).

Os dados publicados a partir de 2 de fevereiro de 2007 pelo organismo da ONU Painel Intergovernamental das Mudanças Climáticas dão conta de que já entramos numa nova era da Terra, na fase do aquecimento global. Ele pode variar de 1, 4 até 6 graus Celsius, dependendo das regiões terrestres. Este aquecimento que poderia ter acontecido naturalmente de acordo com a fisiologia da Terra foi, nos últimos séculos, acelerado pelo ser humano que se tornou seu principal responsável. As mudanças climáticas possuem origem andrópica, quer dizer, tem no ser humano seu principal causador. Elas se revelam pelo derretimento do gelo das calotas polares, pelos tufões, pelas secas de um lado e enchentes de outro, pela diminuição crescente da biodiversidade, pela desertificação que avança, pela escassez grave de água potável e pelas florestas adoecidas ou devastadas. Se nada for feito, acontecerá o pior e milhões de seres humanos poderão conhecer o destino dos dinossauros.

Como destruímos irresponsavelmente, devemos agora regenerar urgentemente. A salvação da Terra não cairá do céu. Será fruto da nova corresponsabilidade e do renovado cuidado por parte de toda a família humana (cf. J. Conlon 2007, 108-119). Daí a opção pela Terra como a nova centralidade do pensamento e da prática histórico-social.

Por mais dramática que seja a situação, ainda assim, cremos firmemente que o ser humano não demorou milhões e milhões de anos para se formar a fim de cumprir um destino tão trágico. Ele não precisa ser o Satã da Terra. Ele pode ser o seu Anjo bom. Sua vocação é cuidar da Terra como quem cultiva um jardim, como aquele do Éden (L. Boff, Do iceberg, 2002, 89-93; Homem: Satã ou Anjo bom). Essa é a lição das primeiras páginas do livro sagrado dos judeus e dos cristãos, o Gênesis.

Dadas esta situação nova, a Terra se tornou, de fato, obscura e grande objeto do cuidado e do amor humano. Ela não é o centro físico do universo como pensavam os antigos e medievais. Mas ela se tornou, nos últimos tempos, o centro afetivo da humanidade (cf. D. Toolan, 2001, 22-40). Só temos este planeta. É aqui que imergimos há uns poucos milhões de anos. É daqui que contemplamos o universo inteiro. É aqui que amamos, choramos, esperamos, sonhamos e veneramos. É da Terra que fazemos nossa grande travessia rumo ao novo céu e à nova Terra.

Lentamente estamos descobrindo que o valor supremo é assegurar a persistência do planeta Terra, a herança que o universo e Deus nos entregaram para zelar e aperfeiçoar, e também para garantir as condições físico-químicas e ecológicas para que se realize a espécie humana e cada um de seus membros da forma a mais inclusiva e solidária possível (D.O'Murchu, 2002, 197-206) junto com todos os demais seres que nela vivem.

Em razão desta nova consciência falamos do princípio Terra. Ele funda uma nova radicalidade. Cada saber, cada instituição cada tradição espiritual e religiosa e cada pessoa deve fazer essa pergunta: que faço eu para preservar a pátria comum, a Terra, e garantir que ela tenha futuro, já que há 13,7 bilhões de anos está sendo construída e merece continuar a existir? Em que colaboro para que a Humanidade possa continuar a viver, a se desenvolver e realizar seu projeto planetário? Está aí o sentido do título de nosso trabalho: Opção-Terra.

As reflexões que apresentamos se prendem à preocupação maior que viemos tratando nos últimos anos com os livros *Ecologia: grito da Terra, grito do pobre* (Sextante, 1995); *Princípio-Terra. A volta à Terra como pátria comum* (Ática, 1995); *Saber cuidar: ética do humano, compaixão pela Terra* (Vozes, 2000); *Virtudes para um outro mundo possível* (três tomos, Vozes, 2006); *Homem: Satã ou Anjo bom* (Record, 2008) e como a divulgação entusiasmada da *Carta da Terra,* de cuja redação participamos.

Todas estas reflexões querem despertar um novo amor e uma grande veneração pela Terra. Como veremos com mais detalhe, é um superorganismo vivo, Gaia, nossa pátria/mátria comum, a Pacha Mama dos povos originários de nosso continente, a mãe e irmã de São Francisco de Assis e de todos nós. Nosso destino está ligado ao seu destino. E porque somos da Terra não haverá para nós céu sem Terra.

Essa é a importância da prática e do pensamento do princípio Terra e da Opção-Terra. A salvação da Terra será fruto das novas práticas marcadas pela lógica do coração, do cuidado, da compaixão e da corresponsabilidade.

BIBLIOGRAFIA

Boff, L., (2002). *Do iceberg à Arca de Noé*. Rio de Janeiro: Garamond.
____ (2005). *Ecologia: grito da Terra, grito do pobre*. Rio de Janeiro: Sextante.
____ (2000). *Saber cuidar: ética do humano, compaixão pela Terra*. Petrópolis: Vozes.
____ (2006). *Virtudes para um outro mundo possível*. Petrópolis: Vozes.
____ (2008). *Homem: Satã ou Anjo bom*. Rio de Janeiro: Record.
Conlon, J., (2007). *From the Stars to the Street*. Toronto: Novalis.
Galasso, N., (1992). *Atahualpa Yupanqui*. Buenos Aires: Ediciones del Pensamiento Nacional.
Hart, J., (2006). Sacramental Commons. *Christian Ecological Ethics*, Nova York/Toronto: Rowman & Lettlefield Publishers.
O'Murchu, D., (2002). *Evolutionary Faith*. Rediscovering God in Our History, Nova York: Orbis Books.
Toolan, D., (2001). *At Home in the Cosmos*. Nova York: Orbis Books.
White, F., (1987). *The Overview Effect*. Boston: Houghton Mifflin Company.

Capítulo I

A BIOGRAFIA DA TERRA

A grande maioria da Humanidade não conhece a história da Casa na qual habita, a Terra. Nem sequer conhece seu entorno ecológico: como se formaram os solos, a idade das montanhas que cercam o lugar onde moram, o número de espécies de animais e plantas que compõe o ecossistema vivo. Mal conhecem a história do lugar, seus antigos habitantes, as pessoas notáveis, seus heróis e sábios. Todos somos mais ou menos analfabetos em ecologia, ignorantes acerca da origem da Terra e de nós mesmos. Muitos nem se interessam em saber por que estão neste mundo e qual é seu lugar específico no conjunto dos seres, muito menos qual é sua missão no universo e na comunidade em que vivem.

Agora que a Terra e a Humanidade correm risco de graves danos somos urgidos em saber como chegamos a isso. Mas antes faz-se necessário conhecer sua biografia e como nós emergimos de dentro da Terra, de seu útero misterioso e aconchegante.

1. Como nasceu e se formou a Terra

Vamos, pois, traçar as principais fases da vida da Terra.

Em primeiro lugar, havia a Fonte originária de todo o ser, aquele transfundo inominável e abissal de energia que subjaz ao universo e a cada um dos seres existentes. Os astrofísicos chamam-no de "vácuo quântico", expressão de certa forma inadequada, porque o vácuo aqui referido é tudo menos vácuo: ele é repleto de energia insondável e misteriosa. Ele é o antes de tudo, o que existe e pode existir.

Em segundo lugar, desse fundo misterioso de energia, surgiu um ponto infinitamente pequeno, mas bastante denso e incomensuravelmente quente. Nele tudo estava como que comprimido: energia, matéria, informação, espaço, tempo e os seres que posteriormente foram emergindo ao longo da evolução. Sem que saibamos o porquê, ele se dilatou ao tamanho de uma maçã e explodiu com um estrondo tão potente que seus últimos ecos podem ser ainda identificados pela ciência, pelo assim chamado ruído de fundo do universo, um raio de 3 graus Kelvin. Expandiu-se, resfriando-se rapidamente, embora um centésimo de segundo depois ainda tivesse uma temperatura de 100 bilhões de graus Celsius.

Logo após à grande explosão – *Big Bang* – formou-se presumivelmente o "campo de Higgs" que está na base das primeiras partículas elementares, dos *top quarks*, dos prótons, dos nêutrons, dos elétrons, dos pósitrons e da antimatéria. Começou a grande expansão em todas as direções. Com a fusão destes elementos surgiu, primeiro, o elemento mais simples, o hélio que enche todo o vazio do universo e centenas de milhares de anos depois, o hidrogênio.

A energia originária, chamada simplesmente de energia X, se desdobrou nas quatro forças que sustentam todo o cosmos e cada um dos seres: a gravitacional, a eletromagnética, a nuclear forte e a nuclear fraca. Elas agem sempre conjuntamente, transformando o caos originário em novas ordens e complexidades, fazendo da expansão um processo de evolução, de criação e de auto-organização.

Em terceiro lugar, após milhões e milhões de anos, aquele gás inicial foi se condensando. Formaram-se as grandes estrelas vermelhas. Elas funcionaram como fornalhas, pois dentro de seu interior, em permanente ebulição e explosões atômicas, surgiram os principais elementos físico-químicos que conhecemos pela escala periódica de Mendeleiev. Depois de brilharem por bilhões de anos, elas explodiram. Todos os elementos existentes em seu interior foram projetados em todas as direções.

Em quarto lugar, com a explosão, formaram-se no universo, de forma irregular, incomensuráveis nuvens de gás. Estas pela força da gravidade foram se condensando e deram origem a cerca de 100 bilhões de galáxias e conglomerados de galáxias, cada qual com cerca de 10 bilhões de estrelas. A nossa se chama Via Láctea, que possui 100 mil anos-luz de extensão.

Em quinto lugar, uma destas estrelas é considerada especial, pois representa a nossa avó cósmica, o nosso primeiro Sol. Em seu seio se formaram os elementos restantes, como o oxigênio e o súlfur, que estão na base da vida; o fósforo, que torna possível a fotossíntese, o carbono e o nitrogênio, fundamentais para as combinações que estruturam a vida, a informação genética, a memória e a consciência reflexa. Depois de milhões e milhões de anos de brilho no firmamento, essa estrela também explodiu. Sem o sacrifício de sua existência, nosso sistema solar, a Terra e nossa vida teriam sido impossíveis. Seus elementos foram projetados pelo universo afora.

Em sexto lugar, a enorme nuvem de gás que se derivou dela, cheia de detritos de todos os tamanhos, foi se densificando até formar uma esplêndida estrela. Nascia o Sol, o rei de nosso sistema estelar, há cinco bilhões de anos. Os detritos, chamados de *planetesiamais*, foram se conglomerando (o termo técnico é acreção) até formarem aquilo que são hoje os planetas que giram ao redor do Sol. Um desses conglomerados é a Terra ancestral que demorou cerca de 100 milhões de anos para finalmente nascer.

2. A peculiaridade da Terra

A Terra é um planeta singular entre os demais do sistema solar. Tem características ótimas que lhe permitiram ser o que hoje é. Possui uma distância do Sol ideal para prender e conservar muitos elementos químicos voláteis e impedir que a água evapore. Se estivesse muito perto do Sol como Vênus, os ventos solares a teriam calcinado. Se estivesse muito longe como Júpiter e Saturno sua composição seria fundamentalmente de gases, hidrogênio e hélio. Não haveria a densidade dos elementos físico-químicos, necessária para permitir a formação da atmosfera, dos oceanos e rios e do conjuntos de fatores que compõem a biosfera, o espaço próprio da vida nas suas múltiplas formas.

Mas para chegar a isso, ela passou por convulsões dramáticas. Por 800 milhões de anos permaneceu derretida por causa do imenso calor de sua origem estelar e também gerado pelos impactos de asteroides e meteoros. Quando a crosta terrestre esfriou e graças à distância adequada do Sol se criaram, então, as condições para surgir um esplêndido jardim, berço aconchegante para a vida em sua imensa diversidade.

A vida faz parte da evolução cósmica e se inscreve nas leis da física e da química quando em situação de alta complexidade e longe do equilíbrio (o absoluto equilíbrio equivale à morte). Se não houvesse a justa medida da força gravitacional e as leis fossem ligeiramente diferentes do que são, esse tipo de vida jamais poderia ter surgido.

Simulações feitas no computador sugerem que a vida brota espontaneamente quando um conjunto de aminoácidos, proteínas e ácidos nucleicos atinge certo grau de interação e de complexidade.

Uma vez surgida, a vida foi criando as condições que fossem mais adequadas para se desenvolver, de sorte que podemos dizer, consoante a teoria Gaia de James Lovelock, que mais adiante abordaremos com mais detalhes, que a biosfera é uma criação da própria vida. Cria-se então uma espécie de feedback: a vida cria a biosfera e a biosfera cria a vida, ambas se ajudam mutuamente para que a Terra seja sempre benevolente para todas as formas de vida.

Avançando e se complexificando mais, dentro de nossa galáxia, do sistema solar e do planeta Terra, a vida deu um salto rumo à consciência. Surgiu a vida humana com inteligência, amorosidade, cuidado, sinergia e percepção da Última Realidade. Isto ocorreu por volta de uns 7 milhões de anos atrás.

Há 4,44 bilhões de anos, a Terra está formada, de corpo inteiro, com as dimensões atuais de 6.400 km de raio e 40.000 km de circunferência. Ela é construída por uma série de camadas concêntricas. Externamente há a atmosfera, rarefeita, cheia de gases. Na superfície encontramos a hidrosfera composta pelos oceanos, mares e rios continentais. Em seguida comparecem as terras elevadas, feitas pela crosta continental e oceânica. Logo a seguir, surge o manto terrestre que constitui 70% do volume da Terra. A 2.900 km sob nossos pés começa o núcleo terrestre, composto fundamentalmente de ferro líquido e de níquel sólido. Esta descrição é apenas exterior, diria precária. A Terra é bem mais que isso: é a coexistência, inter-retro-relação de todos estes fatores sempre interdependentes e de tal forma articulados entre si que fazem da Terra um sistema vivo, dinâmico, sempre em movimento e em evolução.

Durante toda sua longa história, a Terra foi geologicamente muito ativa. De tempos em tempos explodiam vulcões ou era torpedeada por meteoros imensos que lhe deixaram crateras enormes mas que também lhe trouxeram quantidade considerável de água e de outros metais e, segundo alguns, as moléculas básicas, construtoras da vida.

3. Como surgiram e se formaram os continentes

Dizem-nos os geólogos e paleontólogos que no período do arqueano, que vai da formação da Terra, há 4,44 bilhões até 2,7 bilhões de anos, não existiam ainda continentes. As águas cobriam todo o globo, permeado por imensas ilhas vulcânicas.

Por volta de 3,8 bilhões de anos, emergiram vastas extensões de terra, dispersa aqui e acolá, e sempre em movimento. Elas foram se juntando, sempre com grandes atritos, maremotos e devastações, de sorte que um bilhão de anos depois já formaram os continentes. Flutuando sobre uma camada de basalto, se deslocaram, até se agruparem num único grande continente, chamado *Pangeia*. Por 50 milhões de anos este supercontinente circulou pelo globo. Milhões de anos depois, Pangeia se fragmentou e lentamente se originaram os continentes que conhecemos hoje.

Por baixo deles estão sempre ativas as placas tectônicas, se chocando umas com as outras (produzindo as montanhas) ou se sobrepondo ou se afastando, movimento chamado de *deriva continental*. Cada vez que se chocam, produzem inimagináveis cataclismas, como aquele ocorrido há 245 milhões de anos, por ocasião da ruptura de Pangeia. Foi tão devastador que 75-95% das espécies de vida então existentes desapareceram. Ou recentemente como o tsunami ocorrido em 2006 no sudeste da Ásia.

A Terra conheceu 15 grandes extinções em massa de espécies de vida. Duas são destacadas pelo fato de terem reorganizado totalmente os ecossistemas na terra e no mar.

A primeira ocorreu, como referimos acima, quando Pangeia se fraturou em vários continentes. A segunda se deu há 65 milhões de anos, causada por alterações dos climas, mudanças no nível do mar e pelo impacto de um asteroide de 9,6 km que caiu, provavelmente, na América Central, provocando incêndios infernais, gigantescos maremotos, produzindo muitos gases venenosos e um longo obscurecimento do Sol. Plantas e animais desapareceram. Os dinossauros que por 133 milhões de anos dominaram soberanamente sobre a Terra sumiram totalmente, bem como 50% de todas as espécies de vida. A Terra precisou de 10 milhões de anos para se refazer em sua incontável biodiversidade. Mas como é Gaia, um superorganismo vivo, ela mostrou grande resiliência, quer dizer, capacidade de suportar impactos e de fazer das catástrofes oportunidades de revelar novas formas de vida e de novos rearranjos nos ecossistemas.

Geólogos e biólogos sustentam que uma terceira grande dizimação estaria em curso. Teria iniciado há 2,5 milhões de anos quando extensas geleiras começaram a cobrir parte do planeta, alterando os climas e os níveis do mar. Coincidentemente surgiu naquela época o *homo habilis*, que inventou o instrumento (uma pedra, um pedaço de pau) para mais eficazmente intervir na natureza. Mais tarde, já como *homo sapiens, ele sapiens* mostrará tanta destrutividade que poderá ser equiparado a um meteoro rasante.

Nos últimos três séculos, como abordaremos melhor adiante, em função de um consumo irresponsável e sem cuidado, o *homo sapiens* introduziu uma prática de depredação sistemática dos ecossistemas. Como consequência, está ocorrendo a aceleração do processo de extinção em massa de espécies vivas, num ritmo que excede de longe aquele inexorável da própria natureza. Os gases de efeito estufa são os principais causadores do aquecimento global e dos transtornos climáticos que estão afetando sensivelmente a Terra.

Estamos, pois, à mercê de forças incontroláveis que podem destruir nossa espécie como destruíram tantas no passado. A vida, entretanto, nunca foi exterminada. Depois de cada extinção houve uma nova gênese. Como a inteligência está primeiro no universo e depois em nós, podemos supor que ela irá continuar em outros seres que terão, oxalá, melhor comportamento do que nós. Como observou o geólogo da universidade de Washington Peter Ward:

> "O que impede de algumas espécies atualmente insignificantes serem predecessoras de alguma grande inteligência que acabe exibindo maiores feitos, sabedoria e visão que a nossa? Quem teria previsto que os pequenos mamíferos arbóreos que tremiam de medo dos poderosos dinossauros, há 75 milhões de anos, um dia dariam origem a nós?" *O fim da evolução*, 1997, 289). Eis uma razão para preservamos todas e cada um das espécies, não tanto pelo valor econômico, medicinal e científico que tenham para nós, mas pelo valor que possuem em si mesmas e pelo potencial evolutivo que possam conter. O futuro da inteligência e da consciência pode estar seminalmente presente nelas.

Enfim, eis aí a nossa Terra já madura com as características atuais, com seus oceanos, rios, vulcões, sua atmosfera, flora e fauna, a imensa biodiversidade e a espécie humana com suas culturas, ciências, artes e religiões. Os distintos elementos, rochas, montanhas, águas, plantas, animais, seres humanos e micro-organismos não estão aí, uns justapostos aos outros. Encontram-se todos entrelaçados e interdependentes de sorte que formam um sistema complexíssimo e vivo. É o sistema Gaia, dotado de um equilíbrio tão sutil de elementos, de oxigênio no ar, de nitrogênio nos solos, de sal nos oceanos e do conjunto dos demais elementos físico-químicos que somente um ser vivo pode ter.

Dentro desse processo complexo e ascendente a vida é o fenômeno mais espetacular surgido em nosso Planeta.

4. A floração mais bela: a vida

Até recente data se imaginava a vida como algo fora do processo cosmogênico, algo miraculoso, vindo diretamente de Deus. Mas a partir de 1950, com a descoberta do código genético, presente no DNA das células vivas, por Watson e Crick, nossa visão da origem da vida mudou radicalmente. Percebeu-se que ela não está fora do processo cosmogênico universal. Ao contrário, ela é sua melhor floração.

A pesquisa revelou que a vida é composta pelos mesmos elementos físico-químicos, forjados no coração das estrelas antigas, como todos os demais seres do universo que se organizam em relações extremamente complexas. Todos os organismos vivos possuem o mesmo alfabeto básico: 20 aminoácidos e 4 ácidos nucleicos (adenina, guanina, timina e citosina). Todos somos irmãos e irmãs, primos e primas. Diferenciamo-nos, porém, pela combinação diferente das sílabas deste alfabeto vivo (J. Watson, 2005, 49).

A partir dos anos 1970, com os estudos da termodinâmica e da física do caos (lembramos aqui, ao menos, o nome de um cientista fundamental para esta visão, o russo-belga Ilya Prigogine, morto em 2003), se compreendeu que a vida emerge num estágio muito elevado da complexidade da matéria e no contexto das turbulências e das situações caóticas da própria Terra. O caos nunca é apenas caótico. Desde o começo, com o

Big Bang, ele se mostra generativo, ou seja, gera ordens mais complexas e altas. A vida é uma expressão dessa organização do caos. Ela representa a auto-organização da matéria quando se encontra fora de seu equilíbrio e que por meio da vida supera o caos, encontra um novo equilíbrio dinâmico, auto-organizativo e autorregenerativo. Atingido certo grau avançado de complexidade, a vida emerge como imperativo cósmico, como bem formula C. de Duve (1997, *Poeira vital*). Isso em qualquer parte do universo onde tal complexidade se fizer presente. É a mais bela criatura do universo conhecido, a criança mais encantadora que a evolução jamais produziu, ao mesmo tempo, vigorosa e terna, frágil, resiliente e até agora indestrutível.

Por volta de 3,8 milhões de anos atrás, possivelmente nas profundezas de um oceano primevo, ou num dos pântanos ancestrais, nesse minúsculo planeta Terra, num sistema solar de quinta grandeza, num canto de nossa galáxia (a 29 mil anos-luz do centro dela, no braço interior da espiral de Orion), aconteceu a irrupção da primeira célula viva, uma bactéria originária, batizada de *Áries*. Ela é a mãe ancestral de todos os viventes, a Eva verdadeira, pois dela se derivaram todos os seres vivos, incluindo também os humanos.

Com a emergência dessa novidade, começa um diálogo intensíssimo entre a vida, o Sol, a Terra com todos os seus elementos e o universo inteiro. Tanto a Terra colabora com a vida, quanto a vida colabora com a Terra. Como mostrou James Lovelock com sua teoria Gaia e já enunciamos anteriormente, a atmosfera é, em grande parte, uma criação da própria vida que gerou condições adequadas para o seu habitat se reproduzir e se expandir.

Lentamente a Terra deixa de ser simplesmente Terra e passa a ser Gaia. Na definição de Lovelock, representa "uma entidade complexa que abrange a biosfera, a atmosfera, os oceanos e o solo, na sua totalidade esses elementos constituem um sistema cibernético ou de realimentação que procura um meio físico e químico ótimo para a vida neste planeta" (*Gaia*, 1989, 27).

Constatou-se também, a partir dos estudos do físico alemão Heinrich Schumann, que a Terra está envolta por um complexo cinturão eletromagnético. Ele se dá na interação entre o Sol, a Terra (seus solos, o magma, as águas, os ecossistemas) e a parte inferior da ionosfera, a uns 55 km de altura. Produz uma ressonância mais ou menos constante, não obstante variações que se podem constatar, chamada de *Ressonância Schumann*, da ordem de 7,8 hertz. Equivale à vibração das ondas cerebrais, próprias dos mamíferos e dos seres humanos. É como se fosse a batida do coração da Terra, seu marca-passo que equilibra todas as relações que a vida entretém com o conjunto dos seres e das energias. Esse equilíbrio é fundamental para a meteorologia, para regular as estações, a vida dos vulcões, o fluxo e refluxo dos oceanos e o movimento das placas tectônicas.

Não são poucos os cientistas que, coerentemente, afirmam que o próprio equilíbrio cardíaco e emocional dos seres vivos, especialmente, dos humanos, está ligado em parte à *Ressonância Schumann*. Eis, portanto, uma indicação a mais de que a Terra forma efetivamente um superorganismo vivo, Gaia. Ocorre, porém, que a partir dos anos 1980 do século XX esse ritmo se alterou. Passou de 7,8 hertz para 11 e até 13. O coração da Terra disparou. Possivelmente a alteração da ressonância magnética constitua uma das causas dos desastres naturais, do aquecimento global, da mudança dos climas e mesmo do aumento de comportamentos desviantes pelo mundo afora.

Em mais de 3 bilhões de anos de trabalho, a Terra produziu uma imensa biodiversidade de vírus, bactérias, protistas, fungos, plantas e animais. Assegura-nos o respeitado biólogo Edward O. Wilson que "em um só grama de terra, ou seja, menos de um punhado, vivem cerca de 10 bilhões de bactérias, pertencentes a 6 mil espécies diferentes" (*A criação*, 2008, 26). Continua ele, "somente de formigas existem cerca de 10 mil trilhões que, juntas, pesam o equivalente aos 6,5 bilhões de pessoas" (42). Espantosamente os vermes nemotoides (cilíndricos), com suas milhões de espécies, constituem 4/5 de todos os seres vivos da Terra (42).

Entretanto, com as inúmeras crises pelas quais passou e que ocasionaram dizimações em massa, a grande maioria das espécies desapareceu. Talvez apenas 1% tenha permanecido. E ainda assim é muito. Calcula-se que haja 5.000 tipos de bactérias, 100 mil espécies de fungos, 300 mil espécies de árvores, 850 mil espécies de insetos. Ninguém sabe ao certo. Biólogos supõem a existência de 30 milhões de espécies.

Por ocasião do surgimento do ser humano, após o desaparecimento dos dinossauros, houve uma multiplicação de espécies como nunca antes na evolução da Terra. De fato, a Terra parecia um paraíso e um berço esplêndido. De repente, sem que saibamos as causas, o planeta que era totalmente verde pela clorofila começou a ficar multicor. Irrompeu uma primavera de flores multicores.

Foi nesse exato momento que apareceu neste mundo o ser mais complexo, mais frágil, mais relacional e por isso com capacidade de tornar-se resistente, o ser humano, homem e mulher. Ninguém expressou melhor esse milagre do universo que a antiga sabedoria dos maias, um dos povos originários da América Central, que testemunhava: "Que clareie, que amanheça no céu e na terra! Não haverá glória nem grandeza até que exista a criatura humana, o homem formado" (Popol Vuh).

5. Como surgiu e se formou a vida humana

Como um subcapítulo da vida, cerca de 75 milhões de anos atrás, quando ainda a Europa, a América do Norte e a Groenlândia formavam um único continente, apareceram os primeiros símios, longínquos ancestrais humanos. Esses animaizinhos do tamanho de um rato se alimentavam de flores e não mais só de insetos como seus antepassados. Como tinham que subir e descer das árvores desenvolveram os membros superiores. A pata apresentava um dedo que mais tarde se tornará oponível aos demais (o polegar), permitindo-lhe agarrar com ele qualquer coisa, por exemplo, um fruto ou uma pedra.

Com a evolução desses símios, apareceram há 35 milhões de anos os primeiros primatas, os ancestrais comuns ao homem e aos grandes símios superiores. Eles ainda eram pequenos, do tamanho de um gato. Viviam isolados na África, adaptando-se às mudanças climáticas ora de grande seca ora de profusão de chuvas com a expansão das florestas.

Tais símios evoluíram e cresceram. Surgiram os grandes macacos africanos, chimpanzés e gorilas. Por volta de 7 milhões de anos atrás se dá uma bifurcação de decisivas consequências: de um lado ficam os gorilas e chimpanzés (esses têm 99% de genes, comuns aos nossos), e do outro os australopitecos, que são primatas a caminho da hominização. Essa bifurcação se deve a um acidente geológico. Há mais de 200 mil anos produziu-se a grande falha siro-africana (Rift Valley), de 6.000 km, que pode ser vista da Lua. De um lado ficaram as florestas tropicais, bem irrigadas, onde viviam comodamente os primatas superiores. De outro, reinava a seca e a savana, onde se encontravam os australopitecos.

Essa mudança ambiental propiciou dois tipos de evolução. Os que viviam nas florestas continuaram como primatas, gorilas e chimpanzés. Não precisaram quase adaptar-se pois viviam numa sesta biológica com o meio. Os outros, condenados à seca, precisaram desenvolver habilidades de sobrevivência. Necessitaram de inteligência e de estratégia. Formou-se uma base biológica de sustentação: uma caixa craniana mais desenvolvida. Andavam de pé para ver mais longe e se obrigavam a comer de tudo que se lhes apresentasse (são onívoros).

Como se pôde deduzir das ossadas de Lucy, jovem fêmea, descobertas em 1974 no Afar etíope, já apresentavam, por volta de 3-4 milhões de anos atrás, as características humanoides.

Ao longo da evolução, ocorreu um processo altamente acelerado de encefalização. A partir de 2,2 milhões de anos emergiram, sucessivamente, o *homo habilis, erectus*, e, nos últimos 100 mil anos, o *homo sapiens*, já plenamente humano. Seus representantes eram seres sociais, se mostravam cooperativos e manejavam a fala, característica exclusiva dos humanos. Quando caçavam, não comiam o produto sozinhos, mas repartiam-no com seus semelhantes.

No período de um milhão de anos, o cérebro desses três tipos de homem duplicou em volume. Desde o tempo que corresponde ao reino do *homo sapiens*, surgido 100 mil anos atrás, o cérebro não cresceu mais. Não havia mais necessidade, pois surgiu o cérebro exterior, a inteligência artificial que é a capacidade de conhecer, criar instrumentos e artefatos e de transformar o mundo e criar cultura, característica singular do *homo sapiens*.

Ele não possui nenhum órgão especializado. Por isso biologicamente é um ser carente (Mangelwesen). Precisa interagir e intervir na natureza para garantir sua sobrevivência. Ele prolonga seus sentidos pela tecnologia, mesmo a mais rudimentar, e assim surge o aparato cultural. A cultura é o resultado da atividade do ser humano sobre a natureza e sobre si mesmo, ora acomodando-se a ela, ora acomodando-a a seus propósitos, mas sempre num diálogo tenso e nem sempre equilibrado.

6. A grande dispersão e o surgimento das civilizações

Uma vez surgidos na evolução, começa a dispersão dos seres humanos. Da África eles se espalharam para a Eurásia, para o Oriente, para as Américas, e chegaram finalmente à Oceania e à Polinésia. No final do paleolítico superior, cerca de 40 mil anos atrás, já ocuparam todo o Planeta e a população chega a um milhão de pessoas.

No neolítico, entre 10 mil e 5 mil a.c., aconteceu a revolução agrícola, uma das maiores revoluções da história humana. Os seres humanos domesticaram animais, selecionaram sementes, fizeram irrigações e criaram os primeiros aldeamentos. Existiam nessa época cerca de 5-10 milhões de habitantes no Planeta.

A partir de 3.500 a.c. formam-se as grandes civilizações clássicas da Suméria, na Mesopotâmia, às margens dos rios Tigre e Eufrates, junto ao rio Nilo, no Egito, e o rio Indo, na Índia. Surgiram as culturas da China, dos olmecas e toltecas na América Central, dos gregos, dos romanos, na Europa, entre outras tantas. Por volta de 1500 d.C., quando se fechou esse período, a humanidade alcançou cerca de 500-600 milhões de pessoas.

A partir do século XV de nossa era, formaram-se as nações modernas, com fronteiras separando umas das outras e que guerreavam com frequência. No século XVIII inicia-se a revolução industrial que modificou a relação do ser humano com a natureza, que passou a sujeitá-la a seus interesses sem considerar o valor intrínseco e a autonomia de seus distintos seres e sua relacionalidade com todos os demais. Como o homem os considera seres sem inteligência, presume poder tratá-los a seu bel prazer como se fossem objetos. Culmina com a cultura da informação, com a tecnificação das relações sociais, com a revolução atômica e cibernética contemporâneas e, ultimamente com um novo tipo de tecnologia que poderá revolucionar tudo, a nanotecnologia. Nosso tempo é também aquele das viagens pelo espaço exterior para o estudo de nosso sistema solar e do vasto cosmos.

Nesta fase, o ser humano constrói o princípio de autodestruição. Ele se mostra não apenas *sapiens sapiens*. Ele comparece também como *demens demens*. Ele já ocupou 83% da superfície do Planeta, ameaça todos os equilíbrios e todas as espécies, apresentando-se, em alguns casos, como o satã da vida. Ele se deu os meios para vulnerar profundamente a biosfera e destruir a si mesmo.

Simultaneamente contrapôs a essa insensatez o princípio do cuidado, da corresponsabilidade e da compaixão, mediante os quais assume seu destino, associado ao destino da Terra numa perspectiva de autolimitação, de controle dos mecanismos de destruição, buscando a justa medida e a potenciação dos esforços de preservação e regeneração da integridade da natureza. De eventual satã da Terra ele deverá se transformar, caso queira continuar a viver, em anjo da guarda, anjo bom e benfazejo à vida. Sua missão é ser o guardião da natureza e o jardineiro do paraíso terrenal do Eden.

7. A fase atual da Terra: a mundialização

Os seres humanos, apesar de seu enraizamento terrenal, em culturas e estados-nações, nunca deixaram de migrar ao largo e ao longo do Planeta. Com eles levavam seus bacilos, doenças, sementes, animais, hábitos e visões de mundo. Sempre esteve em curso uma imensa miscigenação entre os humanos. Não existe raça, muito menos a raça pura. Todos somos africanos, porque da África nos originamos. Os genes de todas as procedências se misturaram sem se fundirem. Todos os humanos somos miscigenados. Trata-se do fermento permanente de uma globalização sempre em curso.

Mas após 1492 começou um imenso processo de expansão a partir do Ocidente. Colombo (1492) traz ao conhecimento dos europeus a existência de outras terras habitadas, com culturas totalmente diferentes, as Américas que ele até o fim da vida pensaria ser a Índia. Fernão de Magalhães (1521) comprova que a Terra é efetivamente redonda e cada lugar pode ser alcançado a partir de qualquer outro lugar. As potências hegemônicas do século XVI, Espanha e Portugal, elaboram, pela primeira vez, o projeto-mundo. Expandem-se pela África, América e Ásia. Ocidentalizam o mundo.

Esse processo se prolongou no século XIX com o colonialismo ocidental que, a ferro e a fogo, submeteu todo o mundo conhecido a seus interesses culturais, religiosos e especialmente comerciais. Tudo foi conduzido com extrema violência e com terror sobre os povos fracos. A carabina e o canhão falaram mais alto do que a razão e a religião. O Ocidente europeu se revelou a hiena dos povos. Nós do extremo-Ocidente, como *indioafrolatinoamericanos*, já nascemos globalizados e, por experiência, sabemos o que significa a globalização sentida e sofrida como globocolonização.

Esse processo culmina na segunda metade do século XX com a expansão hegemonizada pelos EUA. A tecnociência que tantas comodidades trouxe é usada como arma de dominação e de enriquecimento. As corporações multilaterais e globais controlam os mercados nacionais. Uma cultura homogeneizadora ocidental desfibra as culturas regionais. Um único modo de produção, o capitalista, se faz hegemônico. Assentado sobre a concorrência, destrói os laços de sociabilidade e de cooperação. O pensamento único, neoliberal, se estende sobre todos os quadrantes da Terra, desqualificando qualquer diferença e alternativa.

O mais grave, entretanto, é o fato de se ter feito da Terra uma banca de negócios, onde tudo nela é mercantilizado: metais, plantas, sementes, água, genes; tudo é vendido e feito objeto de ganho. Não se respeita sua autonomia e subjetividade como Gaia. Desconhecem-se nossas raízes telúricas e nossa origem, pois, como homens e mulheres viemos da Terra, do húmus, da Terra fértil. Como filhos e filhas de Adão (o que significa filha e filho da Terra) procedemos da Terra fecunda (chamada em hebraico de adamah).

É a idade de ferro da globalização, que nós chamamos também de tiranossáurica. Chamamo-la assim porque em sua virulência ela guarda analogia com os tiranossauros, os mais vorazes de todos os dinos. Com efeito, a lógica da competição mercantilista, sem qualquer laivo de cooperação, confere traços de impiedade à globalização imperante. Exclui cerca de metade da humanidade. Suga o sangue das economias dos países fracos e retardatários, lançando cruelmente milhões e milhões de pessoas na fome e na inanição. Cobra custos ecológicos de tal monta que põe em risco a biosfera, pois polui os ares, envenena os solos, contamina as águas e quimicaliza os alimentos. Não freia sua voracidade tiranossáurica nem face à possibilidade real de impedir o projeto planetário humano. Prefere o risco da morte que a redução de seus ganhos materiais. Bem denunciou o geneticista francês Albert Jaquard: "O escopo de uma sociedade é o intercâmbio. Uma sociedade cujo motor é a competição é uma sociedade que me propõe o suicídio. Se me ponho em competição com o outro, não posso intercambiar com ele, devo eliminá-lo, destruí-lo" (2004).

Esse modelo de globalização excludente corre o risco de bifurcar a família humana: por um lado um pequeno grupo de nações opulentas se enchafurdando no consumo material com uma pobreza espiritual e humana espantosas, colocando todos os benefícios da tecnociência a seu serviço; por outro, as multidões barbarizadas entregues a sua própria sorte, servindo de carvão para o funcionamento da máquina produtivista, condenadas a morrer antes do tempo, vítimas da fome crônica, das doenças dos pobres e da degradação geral da Terra. Há mil razões para nos opormos a esse tipo de globalização. Ela não pode ser perenizada, a preço de comprometermos o futuro da espécie humana. É providencial que em setembro de 2008 tenha se iniciado uma crise profunda, primeiro, financeira, depois, diretamente econômica. Essa crise irrompeu no coração do sistema central a partir do EUA, em seguida, atingiu a Europa e o Japão para, então, se espalhar para todos os demais países. Ela é de tal gravidade que não bastam correções para sair dela. A crise tem mostrado que o consumismo individualista a preço da devastação da natureza ultrapassou em 30% a capacidade de regeneração da Terra. Quer dizer, instalou-se uma insustentabilidade generalizada que obriga encontrar um outro padrão de produção e de consumo (novo paradigma), caso a aventura humana queira continuar sobre este Planeta. Agora é o momento da Opção-Terra.

A globalização da idade de ferro, não obstante as contradições apontadas, traz uma contribuição indispensável à globalização tomada num sentido mais amplo. Ela cria as condições infraestruturais e materiais para as outras formas de globalização: projetou as grandes avenidas de comunicação global, construiu a rede de trocas comerciais e financeiras, incentivou o intercâmbio entre todos os povos, continentes e nações. Sem essas pré-condições seria impossível sonhar com globalizações de outra ordem. Elas vinham sempre ocorrendo junto com a globalização econômica, sem, contudo, deter a hegemonia.

Agora, estabelecida a globalização material, a globalização humana deve se reapropriar de seus ganhos num quadro maior e mais includente e buscar a hegemonia. Ela se processa, simultaneamente, em várias frentes, na antropológica, na política, na ética e na espiritual. Estas são as outras formas de globalização. Agora elas não possuem a hegemonia. Mas o preço de nossa sobrevivência terrestre depende de fazermos essas outras globalizações determinarem o curso de nossa história e garantirem o futuro comum da Terra e da Humanidade.

Mais e mais se difunde a convicção, surgida no Ocidente, sem ser exclusivamente ocidental, porquanto é humana, de que cada pessoa é sagrada (*res sacra homo*) e sujeito de dignidade. É um fim em si mesmo e jamais pode ser rebaixado a instrumento para qualquer outra coisa. É um projeto infinito, a face visível do Mistério do mundo, um filho e filha de Deus. Em nome desta dignidade se codificaram os direitos humanos fundamentais, pessoais, sociais e ecológicos. Detalharam-se os direitos dos povos, minorias, mulheres, homossexuais, crianças, idosos e doentes. Por fim, se elaborou a *dignitas Terrae*, traduzidos nos direitos da Terra como superorganismo vivo, dos ecossistemas, dos animais e de tudo o que existe e vive.

A democracia como valor universal a ser vivido em todas as instâncias humanas, nas famílias, escolas, comunidades, formas de governo e nos movimentos, penetra lentamente nas visões políticas mundiais. Vale dizer, cada ser humano tem direito de participar do mundo social a que pertence e que ajuda a criar com sua presença e trabalho. O poder deve ser controlado para não se transformar em tirânico. O caminho para soluções duradouras é o diálogo incansável, a tolerância constante e a busca permanente de convergências nas diversidades e não o confronto e a violência. A paz é simultaneamente método (usar sempre meios pacíficos ou o menos destrutíveis possível) e meta, como fruto do cuidado de todos por todos e da Casa Comum e da justiça societária irrenunciável. As instituições, por diferentes que sejam, devem ser minimamente justas, equitativas e transparentes.

Um consenso mínimo para uma ética global se concentra na *humanitas* (humanidade) da qual todos e cada um somos portadores. Mais do que um conceito, a *humanitas* é um sentimento profundo de que somos irmãos e irmãs, temos uma mesma origem, possuímos a mesma natureza físico-química-bio-sócio-cultural-espiritual e participamos de um mesmo destino. Devemos tratar humanamente a todos segundo a lei áurea: "Não faças ao outro o que não queres que façam a ti" ou positivamente: "Faça ao outro o que quer que façam a ti".

A reverência face à vida, o respeito inviolável aos inocentes, a preservação da integridade física e psíquica das pessoas e de toda a criação, o reconhecimento do direito do outro a existir com sua singularidade constituem pilastras básicas sobre as quais se constrói a sociabilidade humana, os valores e o sentido de nossa curta passagem por esse Planeta.

Experiências espirituais do Oriente e do Ocidente, dos povos originários e das culturas contemporâneas se encontram e intercambiam visões. Por elas o ser humano se religa à Fonte originária de todo o ser, cria um laço misterioso que perpassa todo o universo e re-unifica todas as coisas inter-retro-conectadas num conjunto dinâmico e aberto para cima e para a frente. São essas experiências espirituais, concretizadas em diferentes religiões e caminhos, que formam a interioridade humana e rasgam os horizontes mais vastos que vão para além deste universo e se abrem para o Infinito. Só nessa dimensão de extrapolação e de superação de toda medida, de todo espaço/tempo e de todo o desejo é que o ser humano se sente realmente humano. Esta lição já nos legaram os mestres gregos ao dizerem que é somente no espaço do Divino que o ser humano é plenamente humano.

A era humana da globalização não ganhou ainda a hegemonia. Mas seus ingredientes são identificáveis e estão fermentando a massa da história e as consciências. Ela vai irromper, gloriosa, um dia. Inaugurará a nova história da família humana, que caminhou por tanto tempo em busca de suas origens comuns e de sua Casa materna.

Lentamente está irrompendo uma nova era, caracterizada por um novo acordo de respeito, veneração e mútua colaboração entre Terra e Humanidade. É a era da ecologia integral e da razão cordial. Os seres humanos estão tomando a sério o fato de serem momento de um processo de bilhões e bilhões de anos. Conscientizam-se de que formam uma teia de relações vitais das quais são corresponsáveis. Podem potenciar a vida, os ecossistemas e o futuro de Gaia bem como podem continuar a ameaçá-la, podem frustrar o destino e dizimar a biosfera.

Depois de tantas intervenções nos ritmos da natureza, nos damos conta de que devemos preservar o que restou da natureza e regenerá-la das feridas que lhe infligimos. Não basta dar trégua à Terra, mas deve-se fundar uma paz perene com ela. É urgente dar-lhe tempo e descanso para que possa se refazer e voltar a irradiar em profusão de vida.

Essa preocupação deve englobar a todos e fundar a nova era da globalização. O sonho utópico dessa fase é viver em harmonia com os ciclos da natureza, tirar dela o necessário e o decente para viver, buscar a humanização do ser humano, desafiado a viver a partir de sua singularidade, como ser comunitário, ser de cooperação, ser de compaixão, ser ético que se responsabiliza por seus atos para que sejam benfazejos para o todo. Essa utopia deverá ser concretizada dentro das contradições, inevitáveis em todo processo histórico ou produzidas pelos conflitos de interesses. Mas ela significará um novo horizonte de esperança que alimentará a caminhada da Humanidade na direção do futuro junto com toda a comunidade de vida.

Desta ótica nasce uma nova ética. Por todos os lados surgem forças seminais que buscam e já ensaiam um novo padrão de comportamento humano e ecológico. Ele crescerá, por maiores que sejam as dificuldades, até se impor hegemonicamente. Representará aquilo que Pierre Teilhard de Chardin chama de *noosfera*: que seria aquela esfera na qual as mentes e os corações entrariam numa nova sintonia fina, caracterizada pela amorização, pelo cuidado, pela mutualidade entre todos, pela espiritualização das intencionalidades coletivas. Estas se coordenariam para garantir a paz, a integridade da criação e o substrato material suficiente e até abundante para toda a comunidade de vida. Livres dos constrangimentos de nosso tipo de civilização consumista e predatória, podemos conviver humanamente como irmãos e irmãs, capazes de articular o local com o global, a parte e o todo, e de conjugar trabalho com poesia, eficiência com gratuidade, de religar as subjetividades, sabendo brincar e louvar como filhos e filhas em Casa.

Essa consciência de mútua pertença Terra-Humanidade vem reforçada poderosamente pela nova visão que os astronautas nos possibilitaram. Lá de suas naves espaciais ou da Lua, nos transmitiram que Terra e Humanidade formam um ser único que precisa de cuidado, respeito e de amor.

Transformar essa consciência num estado permanente, sem que precisemos pensar nela, significa viver já dentro do novo paradigma civilizacional.

> A *Carta da Terra* vem perpassada por essa visão integradora. Em seu preâmbulo diz: "A humanidade é parte de um vasto universo em evolução. A Terra, nosso lar, está viva com uma comunidade de vida única(...) O espírito de solidariedade humana e de parentesco com toda a vida é fortalecido quando vivemos com reverência o mistério da existência, com gratidão pelo presente da vida, e com humildade considerando o lugar que ocupa o ser humano na natureza(...). Nossos desafios ambientais, econômicos, políticos, sociais e espirituais estão interligados e juntos poderemos forjar soluções includentes(...).

A escolha é nossa: formar uma aliança global para cuidar da Terra e uns dos outros, ou arriscar a nossa destruição e a da diversidade da vida. São necessárias mudanças fundamentais dos nossos valores, instituições e modos de vida".

Apesar dos obstáculos da idade de ferro da globalização, estão ocorrendo significativas mudanças no seio da humanidade, em todos aqueles que já não aceitam serem reféns de um paradigma desumanizador e destruidor do horizonte de bem-aventurança. De forma alternativa se comprometem a fazer revoluções moleculares a partir de si mesmos, de baixo para cima e em grupos, irradiando, segundo o efeito borboleta positivo, sobre todo o curso da sociedade.

BIBLIOGRAFIA

Allègre, C., (1992). *Introduction à une histoire naturelle.* Du big bang à la disparition de l'homme. Paris: Arthème Fayard.
Barrère, M., (1995). *A Terra, patrimônio comum.* São Paulo: Nobel.
Betto, F., (1995). *A obra do artista.* Uma visão holística do universo. São Paulo: Ática.
Boff, L., (2004). "Uma cosmovisão ecológica: a narrativa atual", em *Ecologia: grito da Terra, grito dos pobre.* Rio de Janeiro: Sextante, todo o capítulo II.
____ (2005). *Hospitalidade: um direito e um dever.* Petrópolis: Vozes.
Brahic, A. e outros, (2001). *La plus belle histoire de la Terre.* Paris: Seuil.
Bruschi, L.C., (1999). *A origem da vida e o destino da matéria.* Londrina: Editora UEL.
De Duve, C., (1997). *Poeira vital.* A vida como imperativo cósmico. Rio de Janeiro: Campus.
Gentili, P., (org.) (1999). *Globalização exludente.* Desigualdade, exclusão e democracia na nova ordem mundial, Vozes: Petrópolis.
Hawking, S., (1992). *Uma breve história do tempo.* Nova Fronteira: Rio de Janeiro.
Ianni, O., (1966). *A era do globalismo.* Rio de Janeiro: Civilização Brasileira.
Küng, H., (2007). *O princípio de todas as coisas.* Petrópolis: Vozes.
Laszlo, E., (2001). *A conexão cósmica.* Petrópolis: Vozes.
Langaney e outros, (2002). *A mais bela história do homem.* Rio de Janeiro: Difel.
Longair, M., (1994). *As origens do universo.* Rio de Janeiro: Zahar.
Lovelock, J., (1989). *Gaia.* Um novo olhar sobre a Terra. Lisboa: Edições 70.
____ (1991). *As eras de Gaia.* A biografia de nossa Terra viva. Rio de Janeiro: Campus
____ (2006). *A vingança de Gaia.* Rio de Janeiro: Intrínseca.
Macy, J. e Brown, M.J., (2004). *Nossa vida como Gaia.* São Paulo: Editora Gaia.
Morin, E., (1993). *Terre-patrie.* Paris: Seuil.
____ (2003). *L'identité humaine.* Paris: Seuil.

Morris, R., (2001). *O que sabemos sobre o universo*. Rio de Janeiro: Zahar.
Mourão, R.F., (2001). *Do universo ao multiverso*. Uma nova visão do cosmos. Petrópolis: Vozes.
Novello, M., (1997). *O círculo do tempo*. Um olhar científico sobre viagens não convencionais no tempo. Rio de Janeiro: Campus.
Pogacnik, M., (2000). *Earth Changes, Human Destiny*, Florida: Findhorn Press.
Prigogine, Y., (1987). *Création et désordre*. Recherches et pensées contemporaines, Paris: Editions L'Original.
____ (1997). *O fim das certezas*. Tempo, caos e as leis da natureza, Editora Unesp: São Paulo.
Sahtouris, E., (1998). *A dança da Terra*. Sistemas vivos em evolução, uma nova visão da biologia. Rio de Janeiro: Record.
Schrenk, F., (1997). *Die Frühzeit des Menschen – Der Weg zum homo sapiens*. Munique.
Touraine, A. (2006), *Um novo paradigma*. Para compreender o mundo de hoje. Petrópolis: Vozes.
Swimm, B. e Berry Th., (1992). *The Universe Story*. San Francisco: Harper San Francisco.
Ward, P., (1997). *Fim da evolução*. Rio de Janeiro: Campus.
Watson J., (2005). *DNA, O segredo da vida*. São Paulo: Companhia das Letras.
Wilson, E., (2002). *O futuro da vida*. Rio de Janeiro: Campus.
____ (2008), *A criação*. Como salvar a vida na Terra. São Paulo: Companhia das Letras.

Capítulo II

A TERRA COMO GAIA E CASA COMUM

Depois de termos visto, por alto, a biografia da Terra, vamos considerar uma qualidade singular que possui: ela, "nosso lar, é viva, com uma comunidade de vida única", como nos recorda a *Carta da Terra*. A Terra não apenas possui vida em sua atmosfera, criando assim a biosfera, mas ela mesma é um superorganismo vivo. Até o advento da ciência moderna com os pais fundadores do paradigma científico vigente, Descartes, Galileu Galilei e, principalmente, Francis Bacon, a Terra era sentida e vivida como uma realidade viva e irradiante que inspirava temor, respeito e veneração.

A partir da razão instrumental-analítica dos modernos, com o surgimento da tecnociência no século XVII-XVIII, a Terra passou a ser vista simplesmente como *res extens*, um objeto extenso, inerte e sem espírito, entregue ao ser humano para nela expressar sua vontade de poder e de intervenção criativa e destrutiva. Esse olhar permitiu que surgisse o propósito de explorar de forma ilimitada toda a sua riqueza, até chegarmos aos níveis atuais de verdadeira devastação da biodiversidade, dos recursos não renováveis e de seus serviços, e ao desequilíbrio ecológico do sistema-Terra. Se seguirmos nesta lógica, poderemos até o final do século XXI ferir gravemente a biosfera, como vários cientistas e relatórios oficiais sobre o estado da Terra nos têm advertido (cf. Relatório Planeta Vivo 2006 do Fundo Mundial para a Natureza e do PPC).

Na contracorrente desse processo destrutivo, emerge surpreendentemente uma nova percepção de que Terra e Humanidade temos o mesmo destino e que temos condições de transformar a possível tragédia numa crise de passagem de um paradigma prometeico de conquista e de destruição para um outro de cuidado e de sustentação de toda a vida.

Este novo estado de consciência se funda nos conhecimentos das ciências da Terra, da nova biologia, da moderna cosmologia e da astrofísica e não em último lugar da ecologia profunda! Daqui nasce um novo encantamento pela Terra, uma nova utopia que pode nos encher de esperança e nos animar a práticas benevolentes de resgate, conservação e expansão da vida e da Terra como sistema vivo.

1. A Terra vista de fora da Terra

Convincente introdução a essa nova utopia é a contribuição que os astronautas nos deram, e cujos testemunhos recolhemos anteriormente. Vários deles comunicaram, pateticamente, o seu impacto.

O testemunho do astronauta Russel Scheickhart resume os outros relatos: "Vista a partir de fora, você percebe que tudo o que lhe é significativo, toda a história, a arte, o nascimento, a morte, o amor, a alegria e as lágrimas, tudo isso está naquele pequeno ponto azul e branco que você pode cobrir com seu polegar. E a partir daquela perspectiva se entende que tudo mudou, que começa a existir algo novo, que a relação não é mais a mesma como fora antes" (cf. Linfield, 1992, 6). Efetivamente de lá, da nave espacial ou da Lua, a Terra emerge como um corpo celeste na imensa cadeia cósmica. É o terceiro planeta do Sol, de um Sol que é uma estrela média entre outros bilhões de sóis de nossa galáxia, galáxia que é uma entre outras 100 bilhões de outras galáxias em conglomerados de galáxias. O sistema solar dista 28 mil anos-luz do centro de nossa galáxia, a Via Láctea, na face interna do braço espiral de Orion.

Como testemunhou Isaac Asimov em 1982, a pedido do *New York Times*, celebrando os 25 anos do lançamento do Sputnik que inaugurou a era espacial: o legado deste quarto de século espacial é a percepção de que, na perspectiva das naves espaciais, a Terra e a Humanidade formam *uma única entidade (New York Times* de 9 de outubro de 1982). Repare que ele não diz que formam uma unidade, resultante de um conjunto de relações. Afirma muito mais, que formamos *uma única entidade*, vale dizer, um único ser, complexo, diverso, contraditório e dotado de grande dinamismo. Finalmente, um único ser complexo, chamado, pelo conhecido cientista James Lovelock, de Gaia.

Tal asserção pressupõe que o ser humano não está apenas sobre a Terra. Não é um peregrino errante, um passageiro vindo de outras partes e pertencente a outros mundos. Não. Ele, como *homo* (homem) vem de *humus* (terra fértil). Ele é *Adam* (que em hebraico significa o filho da Terra) que nasceu da *Adamah* (terra fecunda). Ele é filho e filha da Terra. Mais, ele é a própria Terra em sua expressão de consciência, de liberdade e de amor.

Nunca mais sairá da consciência humana a convicção de que somos Terra e de que o nosso destino está indissociavelmente ligado ao destino da Terra e do cosmos onde se insere a Terra (cf. Capra, F./ Steindal-Rast, 1993).

Essa percepção de mútua pertença e de unidade orgânica Terra-Humanidade resulta cristalinamente da moderna biologia genética e molecular e da teoria do caos (cf. Gleick, *Chaos*, 1988). A vida representa uma emergência de todo o processo evolucionário, desde as energias e partículas mais originárias, passando pelo gás primordial, as supernovas, as galáxias, as estrelas, a geosfera, a hidrosfera, a atmosfera e finalmente a biosfera, da qual irrompe a antroposfera (e para os cristãos a cristosfera e a teosfera), e, com a globalização, a noosfera (Teilhard de Chardin).

A vida com toda a sua complexidade, auto-organização, panrelacionalidade e autotranscendência resulta das potencialidades do próprio universo. Ilya Prigogine, químico-físico russo-belga, prêmio Nobel em química (1977), estudou como funciona a termodinâmica em sistemas vivos que se apresentam sempre como *sistemas abertos,* por isso com um equilíbrio sempre frágil e em permanente busca de adaptação (cf. *Order out of Chaos*, 1984). Eles trocam continuamente energia com o meio ambiente. Consomem muita energia e, por isso, aumentam a entropia (desgaste da energia utilizável). Ele as chamou, com razão, de "estruturas dissipativas" (gastadoras de energia). Mas são igualmente "estruturas dissipativas" num segundo sentido, paradoxal, por dissiparem a entropia. Os seres vivos produzem entropia e ao mesmo tempo escapam da entropia pelo fato de metabolizarem a desordem e o caos do meio ambiente e transformarem em ordens e estruturas complexas que se auto-organizam, fugindo à entropia (produzem negentropia, entropia negativa; positivamente, produzem sintropia).

Assim, por exemplo, os fótons do Sol são para ele, o Sol, inúteis, energia que escapa ao queimar hidrogênio do qual vive. Esses fótons que são desordem (rejeito) servem de alimento para as plantas quando estas processam a fotossíntese. Pela fotossíntese as plantas, sob a luz solar, decompõem o dióxido de carbono, alimento para elas, e liberam o oxigênio, necessário para a vida animal e humana.

O que é desordem para um serve de ordem para outro. É por meio de um equilíbrio dinâmico entre ordem e desordem (caos: cf.

Dupuy, *Ordres et désordres*, 1982) que a vida se mantém (cf. Ehrlich, P. R., *O mecanismo da natureza*, 239-290). A desordem obriga a criar novas formas de ordem, mais altas e complexas, com menos dissipação de energia. A partir desta lógica, o universo caminha para formas cada vez mais complexas de vida e assim para uma redução da entropia.

Ao nível humano e espiritual se originam formas de relação e de vida nas quais predomina a sintropia (economia de energia) sobre a entropia (desgaste de energia). O pensamento, a comunicação pela palavra e por outros meios, a solidariedade, o amor são energias fortíssimas com escasso nível de entropia e alto nível de sintropia. Nesta perspectiva temos pela frente não a morte térmica, mas a transfiguração do processo cosmogênico se revelando em ordens supremamente ordenadas, criativas e vitais.

2. Gaia, o novo olhar sobre a Terra

A vida não está apenas sobre a Terra e ocupa partes da Terra (biosfera). A própria Terra, como um todo, se anuncia como um macroorganismo vivo. O que as mitologias dos povos originários do Oriente e do Ocidente testemunhavam acerca da Terra como a Grande Mãe, dos mil seios para significar a indescritível fecundidade, vem mais e mais sendo confirmado pela ciência experimental contemporânea (Cf. Neuman, /Kerény, 1989). Basta-nos a referência às investigações do médico e biólogo inglês James E. Lovelock e da bióloga Lynn Margulis (cf. *Gaia*, 1989; 1991; 2006; Sahtouris, 1989, *Gaia*; Lutzemberger, 1990, *Gaia*; Lynn Margulis, 1990. Microcosmos).

James Lovelock foi encarregado pela Nasa de desenvolver, de acordo com o interesse das viagens espaciais, modelos capazes de detectar vida na nossa atmosfera exterior. Ele partiu da hipótese de que, se houvesse vida, esta se utilizaria da atmosfera e dos oceanos dos respectivos planetas como depósitos e como meio de transporte dos materiais necessários para o seu metabolismo. Tal função certamente mudaria o equilíbrio químico da atmosfera de tal forma que aquela que contivesse vida se apresentaria sensivelmente diversa daquela sem vida. Ele comparou, então, a atmosfera da Terra com aquela de nossos vizinhos, Vênus e Marte. A atmosfera pode hoje ser bem analisada mediante a descodificação da radiação procedente desses planetas. Os resultados foram surpreendentes. Eles mostraram o imenso equilíbrio do sistema-Terra e a sua espantosa dosagem de todos os elementos benfazejos para a vida à diferença da atmosfera de Vênus e Marte que impossibilita a vida.

O dióxido de carbono em Vênus é da ordem de 96, 5%, em Marte de 98%, e na Terra alcança apenas a percentagem de 0,03%. O oxigênio, imprescindível para a vida, é totalmente inexistente em Vênus e Marte (0,00%), enquanto na Terra é da ordem 21%. O nitrogênio necessário para a alimentação dos organismos vivos é em Vênus da ordem de 3,5% e em Marte de 2,7%, enquanto na Terra é de 79%. O metano, associado ao oxigênio, é decisivo para a formação do dióxido de carbono e do vapor de água, sem os quais a vida não persiste. Ele é totalmente inexistente nos nossos dois planetas irmãos, que possuem quase o mesmo tamanho da Terra, com a mesma origem e sob o influxo dos mesmos raios solares, enquanto na Terra representa 1,7 parte por milhão.

Vigora, pois, uma calibragem sutil entre todos os elementos químicos, físicos, entre o calor da crosta terrestre, a atmosfera, as rochas, os oceanos, todos sob os efeitos da luz solar, de sorte que tornam a Terra boa e até ótima para os organismos vivos. Ela surge destarte como um imenso superorganismo vivo que se autorregula, chamado por James E. Lovelock de Gaia, consoante a clássica denominação da Terra de nossos ancestrais culturais gregos.

Assevera J. E. Lovelock : "Definimos a Terra como Gaia, porque ela se apresenta como uma entidade complexa que abrange a biosfera, a atmosfera, os oceanos e o solo. Na sua totalidade, esses elementos constituem um sistema cibernético ou de realimentação que procura um meio físico e químico ótimo para a vida neste planeta" (*Gaia*, 1989, 27).

Lovelock apontou para a manutenção das condições relativamente constantes de todos os referidos elementos que propiciam a vida. Esse equilíbrio é urdido pelo próprio sistema-vida, de dimensões planetárias, pela própria Terra-Gaia. O alto teor de oxigênio (ele começou a ser liberado há bilhões de anos por bactérias fotossintéticas nos oceanos, já que para elas o oxigênio era tóxico) e o fraco teor de gás carbônico refletem a atividade fotossintética das bactérias, das algas e das plantas durante milhões e milhões de anos. Outros gases de origem biológica, formando uma estufa favorável à vida, estão presentes na atmosfera terrestre por causa da vida. Na ausência de vida na Terra, o metano, por exemplo, elevar-se-ia a dez na potência 29, o que tornaria efetivamente a vida impossível. Assim a concentração de gases na atmosfera é dosada num nível ótimo para os organismos vivos. Pequenos desvios poderiam significar catástrofes irreparáveis. Há milhões e milhões de anos que o nível de oxigênio na atmosfera, a partir do qual os seres vivos e nós mesmos vivemos, permanece inalterado, na ordem de 21%. Caso subisse para 25% produzir-se-iam incêndios por toda a Terra a ponto de dizimar a capa verde da crosta terrestre. O nível de sal nos mares é da ordem de 3,4%. Se subisse para 6% tornaria a vida nos mares e lagos impossível como no mar Morto. Haveria desequilíbrio de todo o sistema atmosférico do Planeta.

Durante os 3,8 bilhões de anos de existência de vida sobre a Terra, o calor solar subiu entre 30-50%. Em tempos primitivos de maior frio solar, como era possível a vida sobre a Terra? Sabe-se que então a atmosfera possuía uma calibragem diferente da atual.

Predominava maior quantidade de gases, como a amônia, que funcionava como uma espécie de cobertor grosso ao redor do Planeta, aquecendo a Terra e permitindo condições benfazejas para a vida. Com o aquecimento do Sol, essa capa foi se afinando em estreita interação com as exigências da vida. A Terra por sua vez manteve durante os milhões e milhões de anos a temperatura média entre 14º-35º, o que representa a temperatura ótima para os organismos vivos. "A vida e seu ambiente estão tão intrinsecamente interligados que a evolução diz respeito à Gaia e não aos organismos ou ao ambiente tomados em separado e em si mesmos" (*Gaia*, 1991, 17). A biota (o conjunto dos organismos vivos) e seu meio ambiente coevoluem simultaneamente.

Essa calibragem não é apenas interna ao sistema-Gaia, como se fosse um sistema fechado. Ela se verifica no próprio ser humano, que em seu corpo possui mais ou menos a mesma proporção de água que o planeta Terra (71%) e a mesma taxa de salinização do sangue que o mar apresenta (3,4%). Isso foi mostrado por Al Gore em seu livro sobre o equilíbrio da natureza (cf. Al Gore, 1992: 109). Esta dosagem fina se encontra no universo, pois se trata de um sistema aberto que inclui a harmonia da Terra.

Stephen Hawking, referindo-se à origem e destino do universo em seu conhecido *Uma breve história do tempo,* diz: "Se a razão de expansão no segundo imediatamente posterior à grande explosão tivesse sido menor, mesmo que em proporção de apenas uma em 100 mil trilhões de vezes, o universo teria explodido novamente antes de atingir seu tamanho atual" (1988: 172) . E assim nada haveria do que atualmente há. Se, por outro lado, a expansão tivesse sido um pouco maior, uma parte ínfima por milhão, não haveria densidade suficiente para a formação das estrelas e dos planetas, e, assim da emergência da vida. Tudo ocorreu de forma tão balanceada que criou as condições favoráveis para o surgimento da biosfera e da antropofera como se encontram hoje.

Outrossim, se a força nuclear fraca (responsável pelo decaimento da radioatividade) não tivesse mantido o nível que possui, todo o hidrogênio ter-se-ia transformado em hélio. As estrelas se dissolveriam, e sem o hidrogênio a água, fundamental para a vida, não se formaria. Se a energia nuclear forte (que equilibra os núcleos atômicos) tivesse aumentado em 1%, nunca ter-se-ia formado carbono nas estrelas. Sem carbono não teria aparecido o DNA que guarda a informação básica para a aparição da vida. Igualmente, se a força eletromagnética (responsável pelas partículas carregadas e pelos fótons de luz) fosse um pouco mais elevada, esfriaria as estrelas. Elas, por sua vez, não teriam condições de no seu interior formar todos os elementos físico-químicos que compõem os seres do universo. Nem teriam explodido como supernovas. E de sua explosão não surgiriam os planetas nem se formariam outros elementos mais pesados como o nitrogênio e o fósforo, decisivos para a produção e reprodução da vida.

Por fim, se a força gravitacional não tivesse se mantido no nível que se encontra, o universo não seria, em escala ampla, tão uniforme, e a Terra não giraria ao redor desse nosso Sol, fonte principal de energia para todos os organismos vivos do Planeta (Hawking, 1988, 106-118).

A articulação sinfônica dessas quatro interações básicas do universo continuam atuando sinergeticamente para a manutenção da atual seta cosmológica do tempo rumo a formas cada vez mais relacionais e complexas de seres. Elas, na verdade, constituem a lógica interna do processo evolucionário, por assim dizer, a estrutura, melhor dito, a mente ordenadora do próprio cosmos.

Assim como a célula constitui parte de um órgão, e cada órgão parte do corpo, assim cada ser vivo é parte de um ecossistema, como cada ecossistema é parte do sistema-Terra, que é parte do sistema-Sol, que é parte do sistema Via-Láctea, que é parte do sistema-Cosmos. O sistema Gaia revela-se extremamente complexo e de profunda clarividência. Somente uma inteligência ordenadora seria capaz de calibrar todos esses fatores. Isso nos remete a uma Inteligência que excede em muito a nossa. Reconhecer tal fato é um ato de razão e não significa renúncia à nossa própria razão. Significa sim render-se humildemente a uma Inteligência mais sábia e soberana do que a nossa.

3. As devastações sofridas por Gaia

A hipótese Gaia nos mostra a robustez da Terra como macro-organismo face às agressões a seu sistema imunológico. Ela suportou ao longo de sua biografia bilionária vários assaltos terrificantes.

Há 570 milhões de anos ocorreu a grande extinção do Cambriano, no qual 80-90% das espécies desapareceram. Há 245 milhões de anos, no Permotriássico, uma provável fragmentação em dois do único planeta Gaia (Pangeia ou Pangaia) teria produzido a dizimação de 75-95% das espécies então existentes. Há 67 milhões, no Cretáceo, Gaia colidiu provavelmente com um meteoro de grandes proporções, presumivelmente do tamanho de dois montes Everest, a uma velocidade 65 vezes a do som. Sessenta e cinco por cento das espécies existentes desapareceram, particularmente os dinossauros que por mais de 100 milhões de anos dominavam, soberanos, sobre a Terra, o plâncton marinho e inumeráveis espécies de vida. Há 730 mil anos, no Pleistoceno, ocorreu um outro impacto cósmico ocasionando novamente uma enorme extinção de espécies. Num período mais recente, na última glaciação (entre 15 mil a 10 mil anos a.C.) ocorreu misteriosamente uma grande devastação de espécies, poupando somente a África. Segundo estimativas, 50% dos gêneros com mais de 5 kg, 75% dos que pesavam entre 75-100 kg e todos os que pesavam mais do que isso desapareceram (como, p. ex., os mamutes), possivelmente na conjugação sinergética da ação de climas maléficos com a intervenção irresponsável do homem caçador e agricultor.

Cada vez dessas, bibliotecas de informação genética, acumulada em milhões e milhões de anos, desapareceram para sempre. (cf. os dados em Swimme & Berry, 1992, 118-120; *The Universe Story*, 118-120; Massoud, *Terre vivante*, 27-30;56). Cientistas aventam, considerando as várias grandes extinções em massa, que tais cataclismos ecológicos têm ocorrido de 26 em 26 milhões de anos. Eles se originariam a partir de uma hipotética estrela gêmea do Sol, Nêmesis, distante de nós cerca de 2-3 anos-luz. Ela atrairia ciclicamente os cometas para fora das respectivas órbitas na nuvem de Oort (cinturão de cometas e de detritos cósmicos, identificados pelo astrônomo holandês Jan Oort) e os faria navegar na direção do Sol, colidindo alguns deles com a Terra e provocando a destruição de vastas porções da biosfera. (cf. Lynn Margulis/Dorion Sagan, 1990, 184).

Gaia teve que readaptar-se a esta nova condição de agredida e dizimada, regenerou a herança genética a partir dos sobreviventes, criou outras formas perduráveis e continuou viva, retomando o processo evolucionário (Wilson, 1994, 33-47). Atualmente existem cerca de 1,4 milhões de espécies de vida catalogadas. Biólogos, entretanto, afirmam que devem existir, sem serem catalogadas, entre 10-13 milhões, e outros chegam a dizer que há até 100 milhões de espécies. Estas representam apenas 1% dos bilhões de espécies que havia na Terra desde a emergência da vida (com Áries, a primeira célula procariota, há 3,8 bilhões de anos) e que foram exterminadas nas várias catástrofes.

Essas extinções colocam a questão da violência na natureza. Ela é elementar, deu-se numa virulência inimaginável no *Big Bang* e na explosão das grandes estrelas em supernovas, e continua em todos os níveis. Ela é misteriosa para uma razão linear. Mas assim como o ser humano é *sapiens* e *demens*, assim é também o universo violento e cooperativo. A tendência global de todos os seres e do universo inteiro, segundo físicos quânticos como W. Heisenberg observaram, é de realizarem a propensão que possuem rumo à sua própria plenitude e perfeição. A violência está submetida a esta lógica benigna, apesar da magnitude de sua misteriosidade (veja as excelentes reflexões de Swimme & Berry sobre o tema, em *The Universe Story*, 51-61).

Atualmente pelo excesso de clorofluorcarboretos (CFC) e outros ingredientes poluidores, denunciado pelo Painel Intergovernamental sobre Mudanças Climáticas de 2007 (IPCC), possivelmente o superorganismo-Terra esteja na iminência de inventar novas adaptações. Elas não precisam ser benevolentes para com a espécie humana. Podem irromper fomes crônicas, secas prolongadas e até grande mortandade de espécies.

Segundo alguns analistas, não é descartável a hipótese de que a espécie *homo* possa ela mesma vir a desaparecer, como veremos com mais detalhe num capítulo à parte. Gaia, com terrível dor, a eliminaria para permitir que o equilíbrio global possa persistir e outras espécies possam viver, e assim continuar a trajetória cósmica da evolução (cf. Lovelock, *A vingança de Gaia*, 2006). Se Gaia teve que liberar-se de milhares de espécies ao longo de sua biografia, quem nos garante que não se veja coagida a se livrar da nossa? Ela ameaça todas as demais espécies, é terrivelmente agressiva e está se mostrando geocida, ecocida e verdadeiro satã da Terra.

Recentemente, nas páginas amarelas de *Veja* (25 de outubro de 2006), James Lovelock nos alertava sobre a *Vingança de Gaia* (título de seu livro) e da possibilidade, por causa do superaquecimento, de que "até o fim do século, 80% dos humanos poderão desaparecer" e que *"praticamente todo o território brasileiro será demasiadamente quente e seco para ser habitado"*.

O conhecido economista-ecólogo Nicolas Georgescu-Roegen suspeita que "talvez o destino do ser humano seja o de ter uma vida breve mas febril, excitante e extravagante ao invés de uma vida longa, vegetativa e monótona. Neste caso, outras espécies, desprovidas de pretensões espirituais, como as amebas, por exemplo, herdariam uma Terra que por muito tempo ainda continuaria banhada pela plenitude da luz solar" (1987, 103). A Terra ficaria empobrecida. Mas quem sabe, depois de milhões e milhões de anos irromperia, a partir de um outro ser complexo, o princípio de inteligibilidade e de amorização presente no universo. Ressurgiriam os novos "humanos", talvez com mais consciência da consequência de sua missão cósmica e evolucionária, diante do universo e de seu Criador. A Terra assim recuperaria um avanço evolucionário que perdera devido a *hybris* (a excessiva arrogância) da espécie *homo*.

A hipótese Gaia mostra grande plausibilidade e encontra um crescente consenso tanto na comunidade científica quanto na atmosfera cultural. Ela confere plasticidade a uma das mais fascinantes descobertas do século XX, a profunda unidade e harmonia do universo. A física quântica fala de um campo unificado onde interagem as quatro forças primordiais (a gravitacional, as nucleares forte e fraca e a eletromagnética). E a biologia se refere ao campo filogenético unificado, já que o código genético é comum a todos os viventes. Ela traduz numa esplêndida metáfora uma visão filosófico-religiosa que subjaz ao discurso ecológico.

Esta visão sustenta que o universo é constituído por uma imensa teia de relações de tal forma que cada um vive pelo outro, para o outro e com o outro; que o ser humano é um nó de relações voltado para todas as direções; e que a própria Divindade se revela como uma Realidade panrelacional. Se tudo é relação e nada existe fora da relação, então, a lei mais universal é a sinergia, a sintropia, o inter-retro-relacionamento, a colaboração, a solidariedade cósmica e a comunhão e fraternidade/ sororidade universais.

Darwin com sua lei da seleção natural por meio do mais forte deve ser completado por essa visão panecológica e sinergética (cf. *Sinergetica*, 1988, 161-178). A inter-retro-relação do ser mais apto para interagir com os outros constitui a chave para compreender a sobrevivência e multiplicação das espécies e não simplesmente a força do indivíduo que se impõe aos demais em razão de sua própria força.

Essa utopia de Gaia poderá reencantar nossa convivência com a Terra e fazer com que vivamos uma ética da responsabilidade, da compaixão e do cuidado, atitudes que salvarão a vida e a Casa Comum, a Terra.

4. O que significa que somos Terra que sente e ama?

Acima afirmamos que o ser humano é a própria Terra num momento avançado de sua evolução, quando começou conscientemente a sentir, a pensar, a amar, a cuidar e a venerar. Mas que significa, experimentalmente, a nossa dimensão-Terra?

Significa, primeiramente, que somos parte e parcela da Terra. Viemos dela. Somos produto de sua atividade evolucionária. Temos no corpo, no sangue, no coração, na mente e no espírito elementos-Terra. Dessa constatação resulta a consciência de nossa profunda unidade e identificação com a Terra e com sua imensa biodiversidade. Daí nasce o que E. Wilson chama de *biofilia*, quer dizer, a afinidade com alguns seres com os quais tivemos no inconsciente arquetípico experiências positivas ou aversão, por causa de experiências traumáticas (*A criação*, 2008, 75). Não podemos cair na ilusão racionalista e objetivista de que nos situamos diante da Terra como diante de um objeto estranho. Num primeiro momento vigora uma relação sem distância, sem vis-à-vis, sem separação. Somos um com ela. Como diz Atauhalpa Yupanqui, índio, poeta e cantador argentino:

> "El hombre es Tierra que anda.
> Y cuando se siente muy cansado
> Busca refugio debajo de ella.
> Entonces entra el silencio"
> (*Clarin* 17/5/1987).

Num segundo momento, podemos pensar a Terra e intervir nela. E então, sim, nos distanciamos dela para podermos vê-la melhor e assim atuar nela mais acertadamente. Esse distanciamento não rompe nosso cordão umbilical com ela. Portanto, esse segundo momento não invalida o primeiro.

Ter esquecido nossa união com a Terra foi o equívoco do racionalismo e do reducionismo científico em todas as suas formas de expressão. Ele gerou a ruptura com a Mãe. Deu origem ao antropocentrismo, na ilusão de que, pelo fato de pensarmos a Terra e podermos intervir em seus ciclos, podemos nos colocar sobre ela para dominá-la e para dispor dela a nosso bel-prazer.

Por sentirmo-nos filhos e filhas da Terra, por sermos a própria Terra pensante e amante, vivemo-la como Mãe. Ela é um princípio generativo. Representa o Feminino que concebe, gesta, e dá à luz. Emerge assim o arquétipo da Terra como Grande Mãe, Pacha Mama e Nana. Da mesma forma que ela tudo gera e cria as condições boas para a vida, ela também tudo acolhe e recolhe em seu seio (Moltmann-Wendel 1993, 406-420; Moltmann, 1993, 420-430).

Ao morrer, voltamos à Mãe Terra. Regressamos ao seu útero generoso e fecundo. Essa experiência foi vivida por São Francisco ao chamar a morte de irmã e de querer morrer desnudo sobre o solo, numa profunda comunhão com a Mãe e irmã Terra. O *Feng-Shui*, a filosofia ecológica chinesa, apresenta um grandioso sentido da morte como união ao Tao que se manifesta nas energias da natureza. Ao morrermos, mudamos de estado para voltar a viver no mistério profundo da natureza, donde todos os seres vêm e para onde todos voltam. Conservar a natureza é condição de nossa imortalidade e condição também para que novos seres humanos possam nascer e fazerem seu percurso no tempo.

Sentir que somos Terra nos faz ter os pés no chão. Faz-nos perceber tudo da Terra, seu frio e calor, sua força que ameaça bem como sua beleza que encanta. Sentir a chuva na pele, a brisa que refresca, o tufão que avassala. Sentir a respiração que nos entra, os odores que nos embriagam ou nos enfastiam. Sentir a Terra é sentir seus nichos ecológicos, captar o espírito de cada lugar, inserir-se num determinado lugar. Ser Terra é sentir-se habitante de certa porção de terra. Habitando-a, nos fazemos de certa maneira prisioneiros de um lugar, de uma geografia, de um tipo de clima, de um regime de chuvas e ventos, de uma maneira de morar e de trabalhar e de fazer história. Ser Terra é ser concreto concretíssimo. Configura o nosso limite. Mas também significa nossa base firme, nosso ponto de contemplação do todo, nossa plataforma para alçarmos voo para além dessa paisagem e desse pedaço de Terra, rumo ao Todo infinito.

Por fim, sentir-se Terra é perceber-se dentro de uma complexa comunidade de outros filhos e filhas da Terra. A Terra não produziu apenas a nós seres humanos. Produziu a miríade de micro-organismos que compõem 90% de toda a rede da vida, os insetos que constituem a biomassa mais importante da biodiversidade. Produziu as águas, a capa verde com a infinita diversidade de plantas, flores e frutos. Produziu a diversidade incontável de seres vivos, animais, pássaros e peixes, nossos companheiros dentro da unidade sagrada da vida, porque em todos estão presentes o mesmo alfabeto genético de base. Para todos produziu as condições de evolução, de subsistência e de alimentação, no solo, no subsolo e no ar. Sentir-se Terra é mergulhar na comunidade terrenal, no mundo dos irmãos e das irmãs, todos filhos e filhas da grande e generosa Mãe Terra, nosso lar comum.

Essa experiência de que somos Terra constituiu um dado original da humanidade desde a mais alta ancestralidade. Cada um precisa refazer essa experiência de fusão orgânica com a Terra, a fim de recuperar suas raízes e experimentar sua própria identidade radical. Precisa ressuscitar também a memória da dimensão da *anima*, do Feminino, na elaboração de práticas com mais compaixão e equidade entre os povos, e com maior capacidade de integração dos diferentes. A partir da experiência profunda da Mãe Terra, surgirá naturalmente a experiência de Deus como Mãe de infinita ternura e cheia de misericórdia. Essa experiência associada àquela do Pai de infinita bondade e justiça nos abrirá a uma experiência mais global e integradora do mistério de Deus.

Por fim, queremos suscitar uma indagação aberta: será que toda a luta pela terra que o Movimento dos Sem Terra (MST) no Brasil, os Zapatistas no México e outros movimentos pelo mundo afora não vive dessa mística inconsciente, de que se trata não apenas de uma luta por um meio de produção (o que nunca deixa de ser) mas acima de tudo por uma compreensão diferente do ser humano como um ser da Terra, pela Terra, com a Terra? Não há a percepção mais ou menos clara de que sem a Terra o ser humano é menos, não consegue ser plenamente humano e inteiro?

Possivelmente esse valor, pois é disso que se trata, constitui a seiva secreta que alimenta todas as iniciativas, quase sempre arriscadas, e que mantém viva a determinação, a despeito de todas as ameaças de morte, de ocupar a Terra para nela lançar raízes, morar, criar a sua morada (os gregos chamavam isso de *ethos* e os latinos de *habitat*), plantar e conviver com os outros seres da Terra?

A consciência coletiva incorpora mais e mais a ideia e o valor de que o Planeta Terra é a nossa Casa Comum e a única que temos. Importa, por isso, cuidar dela, torná-la habitável para todos, conservá-la em sua generosidade e preservá-la em sua integridade e esplendor. A partir disso pode nascer um *ethos* mundial compartilhado por todos, capaz de unir os seres humanos para além de suas diferenças culturais, fazendo-os se sentir de fato como filhos e filhas da Terra que amam e respeitam como a sua própria Mãe.

BIBLIOGRAFIA

L.Boff, (2003). *Ecologia: grito da Terra, grito dos pobres*. Rio de Janeiro: Sextante.
____ (2003). *Ética e eco-espiritualidade*. Campinas: Verus.
____ (2002). *Do iceberg à arca de Noé*. Rio de Janeiro: Garamond.
____ (2005). *Ética da vida*. Rio de Janeiro: Sextante.
____ (1998). *O despertar da águia*. O dia-bólico e o sim-bólico na construção da realidade. Petrópolis: Vozes.
Capra, F./ Steindal-Rast, D., (1993). *Pertencendo ao universo*. São Paulo: Cultrix.
Dupuy, J.-P., (1982). *Ordres et désordres*, Essai sur un nuveau paradigme. Paris: Seuil.
Ehrlich, P. R., (1993). *O mecanismo da natureza*. São Paulo: Campus.
Georgescu-Roegen(1987). *The Promethean Destiny*. Nova York: Penguin Books
Gleick, J., (1988). *Chaos: Making a New Science*. Nova York: Penguin Books.
Gore, A., (1992). *Wege zum Gleichgewicht*. Frankfurt: S. Fischer, 1992, p. 109.
Hawking, S., (1988). *Uma breve história do tempo*. Rio de Janeiro Rocco, l988.
Linfield, M., (1992). *A dança da mutação*. Uma abordagem ecológica e espiritual para a transformação. São Paulo: Aquariana.
Lovelock, J., (1989). *Gaia*. Um novo olhar sobre a vida na Terra. Lisboa: Edições 70.
____ (1991). *As eras de Gaia*. A biografia da nossa Terra viva. São Paulo: Campus.
____ (2006). *A vingança de Gaia*. Rio de Janeiro: Intrínseca.
Lutzenberger, J., (1990) *Gaia, o planeta vivo*. Porto Alegre: L&PM.
Margulis, L., (1990). *Micro-cosmos*. Quatro bilhões de anos de evolução microbiana. Lisboa: Edições 70.
Massoud, Z., (1992). *Terre vivante*. Paris: Odile Jacob.
Moltmann-Wendel, E., (1993). "Gott und Gaia, Rückkehr zur Erde", em *Evangelische Theologie*, Göttingen n. 53.
Moltmann, J., (1993). "Die Erde und die Menschen. Zum theologischen Verständnis der Gaja-Hipothese", em *Evangelische Theologie*, Göttingen n. 53.

Neuman, E/Kerény K., (1989). *La Terra Madre e Dea*. Sacralità della natura che ci fa vivere, Como: Red Edizioni.
Prigogine, Y., (1977). *Selforganization in Non Equilibrium*. Nova York: Wiley-Intersciene.
____ (1984). *Order out of Chaos*. Londres: Heinemann.
____ (1971). *Structure, stabilité et fluctuations*. Paris: Masson.
Sahtouris, E., (1989). *Gaia: The Human Journey from Chaos to Cosmos*. Nova York: Pocket Books.
Wilson, E.O., (1994). *A diversidade da vida*. São Paulo: Companhia das Letras, p. 33-47.
____ (2008). *A criação. Como salvar a vida na terra*. São Paulo: Companhia das Letras.
Vv.Aa., *Sinergetica* (1988). *Saggi sulla coerenza e auto-organizzazione in natura*. Roma: Franco Angeli, p. 161-178.
White, F., (1987). *The Overview Effect*. Boston: Houghton Mifflin Company.

Capítulo III

AMEAÇAS QUE PESAM SOBRE GAIA

Ao longo de nosso texto, nos referimos muitas vezes a ameaças que pesam sobre a biosfera, pondo em risco o futuro da espécie humana.

O discurso dominante dos governos, das grandes instituições multilaterais, das empresas em geral e até da linguagem jornalística se concentra na expressão *desenvolvimento sustentável*. Ele representa um marco orientador especialmente para os projetos econômicos e para as iniciativas ambientais. Entretanto, os fatos foram revelando que o tipo de desenvolvimento realizado ao nível globalizado é tudo menos sustentável, pelo fato de gerar uma escandalosa desigualdade e falta de equidade mundial, de criar uma incomensurável riqueza de um lado e uma vergonhosa pobreza do outro, além de exigir um custo ambiental de proporções devastadoras. Os dados que nos vêm das várias instituições que se ocupam do estado da Terra são cada vez mais amedrontadores.

Praticamente, de ano em ano, todos os itens ecológicos se deterioram, como os relatórios do *Worldwatsch Institut* dos EUA confirmam. A Terra está enferma e ameaçada e nos torna a todos nós, seus filhos e filhas, também enfermos. Ela tem o corpo e o rosto do Terceiro e Quarto Mundos, pois aí vive a maioria dos crucificados de nossa história. Ela pende de uma cruz e precisamos tirá-la de lá e ressuscitá-la. Tal fato concedeu centralidade à Terra, à Humanidade e ao sistema-vida. Podemos até falar em princípio-Terra. Quer dizer, a Terra se tornou o fulcro que confere ou nega sentido a todos os demais projetos. Ou salvamos a Terra junto com a Humanidade, ou então não haverá futuro e sentido para ninguém mais.

Dos muitos dados que colocam em risco a Terra, aduziremos apenas três.

1. A Terra crucificada

O primeiro: o ser mais ameaçado da natureza hoje é o pobre. Setenta e nove por cento da Humanidade vive no grande sul pobre; 1,3 bilhão de pessoas vive em estado de pobreza absoluta; 3 (sobre 6,5) bilhões têm alimentação insuficiente; 60 milhões morrem anualmente de fome e 14 milhões de jovens abaixo de 15 anos morrem anualmente em consequência das doenças da fome. Face a este drama, a solidariedade entre os humanos é praticamente inexistente. A maioria dos países afluentes sequer destina 0,7% de seu Produto Nacional Bruto (PNB), preceituado pela ONU, para ajudar aos países necessitados. O país mais rico, os EUA, destina apenas 0,01% de seu PNB.

O segundo: a biodiversidade corre semelhante ameaça. Estimativas atestam: entre 1500-1850 foi presumivelmente eliminada uma espécie a cada dez anos. Entre 1850-1950, um espécie por ano. A partir de 1989 passou a desaparecer uma espécie por dia. No ano 2000, esta perda acontecia a cada hora. Ultimamente, a aceleração do desaparecimento é tão rápida que se calcula que no período 1990-2020 terão desaparecido cerca de 10% a

38% das espécies existentes. Diz-se que estamos dentro da sexta grande dizimação, a primeira provocada pela espécie humana. (Oberhuber, 2004, 41).

Importa também dizer que o número de espécies varia, consoante aos critérios dos especialistas, entre 10 a 100 milhões, das quais apenas 1,4 milhões foram descritas. Mas de todas as formas há uma máquina de morte movida contra a vida sob as suas mais variadas formas (para os dados, veja Barrère, 1992, 243-251; Wilson, 2002, 99-123; 2008, 38).Quem produz essa barbaridade é o ser humano, atesta Edward Wilson:

> "O poder de destruição do *homo sapiens* não tem limites, embora a nossa biomassa seja quase invisível de tão minúscula. É matematicamente possível empilhar todas as pessoas da Terra em um único bloco de 4 quilômetros cúbicos e esconder esse bloco em alguma área remota do Grand Canyon, até que desapareça. Contudo, a humanidade é a primeira espécie na história da vida na Terra a se tornar uma força geofísica(...) que alterou a atmosfera e o clima do Planeta, desviando-os em muito das normas usuais" (*A criação*, 2008, 38).

Se nada fizermos, vamos de fato ao encontro de um colapso generalizado, pondo em risco o projeto planetário humano.

O terceiro fator é o aquecimento global e as mudanças climáticas. Até agora o imperativo, tão afirmado pelo *Carta da Terra,* era "cuidar e preservar a comunidade de vida com compreensão, com compaixão e com amor" (artigo 1º). Devia-se evitar de todas as formas romper o limite que, uma vez transposto, mudaria o estado da Terra. O Painel Intergovernamental sobre Mudanças Climáticas (IPCC, em versão inglesa), cujos dados foram publicados em três sessões ao longo de 2007 e 2008, dá conta de que, efetivamente, rompemos o limite. Não vamos ao encontro do aquecimento global. Já estamos dentro dele.

Ele vai variar entre 1,4 a 6 graus Celsius dependendo das regiões, estabilizando-se provavelmente por volta de 2 graus Celsius. Esta mudança foi provocada, com 90% de certeza, pela irresponsabilidade dos seres humanos que desde a revolução industrial do século XVIII até hoje estão lançando a cada ano milhões e milhões de toneladas de dióxido de carbono e outros gases na atmosfera, provocando o efeito estufa que produz o aquecimento global.

Esses 2 graus Celsius poderão transtornar significativamente todos os climas do planeta com grandes secas de um lado e enchentes do outro, degelo das calotas polares, aumento das águas dos oceanos, ameaçando 60% da população humana que vive em suas orlas, dizimação da biodiversidade e ameaça de vida de milhões de seres humanos, fazendo com que tenham que se deslocar para lugares mais amenos, pois grande parte dos territórios se tornaram inóspitos.

A pior coisa que pode nos acontecer é deixarmos que as coisas corram como estão correndo. Assim, por volta de 2030 vamos entrar na era da tribulação e da desolação. Calcula-se que, por volta dos meados do presente século, haverá cerca de 150 a 200 milhões de refugiados climáticos. Estes não aceitarão o veredito de morte que lhes é imposto. Romperão fronteiras nacionais, passarão por cima de instituições e leis, em busca de meios de sobrevivência.

Por isso, imediatamente pelo menos 2% do Produto Interno Bruto Mundial deve ser aplicado para a adaptação à nova situação e minoração dos efeitos deletérios do aquecimento global, na tentativa de se segurar a ascensão do clima em até dois graus Celsius, o que permitiria ainda administrar o equilíbrio do planeta. Isso implica num gasto de cerca de um trilhão de dólares anuais.

Como o problema é global, a solução deverá ser também global. Não haverá uma Arca de Noé que abrigue todos os seres. Todos correm risco e todos – cada instituição, cada religião, cada pessoa – devem oferecer sua colaboração para a salvação de todos.

A primeira expressão da crise ocorreu em 1972 com o relatório do famoso *Clube de Roma*, articulação mundial de industriais, políticos, altos funcionários estatais e cientistas de várias áreas para estudarem as interdependências entre as nações, a complexidade das sociedades contemporâneas e a natureza agredida, com o objetivo de desenvolverem uma visão sistêmica dos problemas e novos meios de ação política para a sua solução. O relatório tem como título "Os limites do crescimento" (Meadows, 1972).

A crise significa a quebra de uma concepção de mundo. O que na consciência coletiva era evidente, agora é posto em discussão. Qual era a concepção do mundo indiscutível? Que tudo deve girar ao redor da ideia de progresso e de desenvolvimento. E que esse desenvolvimento se move entre dois infinitos: o infinito dos recursos da Terra e o infinito do futuro. Pensava-se que a Terra era inesgotável e poderíamos progredir indefinidamente na direção do futuro. Os dois infinitos são ilusórios. A consciência da crise reconhece: os recursos têm limites, pois a Terra é limitada e nem todos os recursos são renováveis; o crescimento indefinido para o futuro é impossível (Lutzenberger, 1980), porque não podemos universalizar o modelo de crescimento para todos e para sempre. Já foram feitos cálculos que mostram que, se os países opulentos quisessem, por ironia, estender seu nível de consumo a toda a humanidade, precisaríamos de duas Terras iguais a esta, o que é simplesmente impossível. A "pegada ecológica" (o quanto em hectares cada habitante precisa para sobreviver) entre o Norte rico e o Sul pobre é profundamente desigual. A média necessária é de 2,8 hectares por pessoa. Nos Estados Unidos da América é da ordem de 9,6, em Bangladesh é de 0,5, e no Brasil, de 2,6

O modelo de sociedade e o sentido de vida que os seres humanos projetaram para si, pelo menos nos últimos quatrocentos anos, estão em crise e não oferecem, a partir de seus próprios recursos, soluções includentes e viáveis para todos. A crise econômico-financeira de 15 de setembro de 2008 desmascarou as ilusões do modelo baseado no mercado que se pretendia autorregulável. O modelo em termos da lógica do cotidiano era e continua sendo: o importante é acumular grande número de meios de vida, de riqueza material, de bens e serviços a fim de aumentar o poder e desfrutar a curta passagem por este Planeta. Para realizar este propósito nos ajudam a ciência que conhece os mecanismos da Terra e a técnica que faz intervenções nela para benefício humano. E isso se faz com a maior velocidade possível. Portanto, procura-se o máximo de benefício com o mínimo de investimento e no mais curto prazo de tempo possível.

O ser humano, nesta prática cultural, se entende como um ser *sobre* as coisas, dispondo delas a seu bel-prazer, jamais como alguém que está *junto com* as coisas, como membro de uma comunidade maior, planetária e cósmica. O efeito final, somente agora visível de forma inegável é este, expresso na frase atribuída a Gandhi: "A Terra é suficiente para todos, mas não para a voracidade dos consumistas." E naquela generalizada por muitos analistas mundiais: "ou mudamos ou conheceremos, tristemente, o caminho já percorrido pelos dinossauros".

A consciência que vai crescendo mais e mais no mundo, mas não ainda de forma suficiente, se emoldura assim: se levarmos avante esse nosso sentido de ser e se dermos livre curso à lógica do mercado, ao capital especulativo e azeitarmos nossa máquina produtivista e consumista, poderemos chegar a efeitos irreversíveis para a natureza e para a vida humana: desertificação (cada ano terras férteis equivalentes à superfície do estado do

Rio ficam desérticas); desflorestamento: 42% das florestas tropicais já foram destruídas; o aquecimento da Terra e as chuvas ácidas podem dizimar a floresta mais importante para o sistema-Terra, a floresta boreal (6 bilhões de hectares); superpopulação: atualmente somos 6,3 bilhões de pessoas com um crescimento de 3-4% ao ano, enquanto a produção dos alimentos aumenta somente 1,3%. E apontam no horizonte ainda outras consequências funestas para o sistema-Terra, como eventuais conflitos generalizados em decorrência das desigualdades sociais em nível planetário.

O atentado às Torres Gêmeas e ao Pentágono, em 11 de setembro de 2001, e os posteriores atentados em Londres e Madri são sinais de dramas que prenunciam a degradação das relações entre os poderes mundiais, entre os que detêm a hegemonia e a exercem arrogantemente e os que resistem a ela por meios de extrema violência real e simbólica. Como já advertia Karl Marx, o modo de produção capitalista só se mantém destruindo as forças produtivas, quer dizer, liquidando os dois suportes que o possibilitam: a força de trabalho e a natureza. Isso é o que nos tempos atuais estamos assistindo, assustados.

2. Vozes de advertência

O alarme ecológico foi dado pelos organismos mais competentes, como pela Iniciativa *Carta da Terra*, e pelas instituições que permanentemente acompanham o estado de saúde do Planeta. O *Relatório Planeta Vivo 2006 do Fundo Mundial para a Natureza* (WWF) declarou: "O ser humano consome 25% a mais do que a Terra pode repor. Em 2050 precisaremos de duas Terras como a atual para atender as demandas humanas." Mikhail Gorbachev, presidente da Cruz Verde Internacional, advertiu recentemente:

"Precisamos de um novo paradigma de civilização porque a atual chegou ao seu fim e exauriu suas possibilidades. Temos que chegar a um consenso sobre novos valores. Em trinta ou quarenta anos a Terra poderá existir sem nós."

Anteriormente, o responsável pela Rio Eco-92, o subsecretário da ONU Maurice Strong disse ao abrir os trabalhos: "Essa é a nossa última oportunidade de rever os rumos planetários, sob pena de declínio da espécie humana."

Al Gore, em seu documentário *Uma verdade incômoda* sobre as consequências nefastas do aquecimento do planeta, nos forneceu os dados da crise e suas possíveis superações. Ou investimos já na diminuição dos gases de efeito estufa ou nos próximos anos teremos que aplicar mais de um trilhão de dólares anuais para estabilizar o aquecimento da Terra a dois graus Celsius. Ou então vamos nos deparar com catástrofes como nunca vistas antes.

A essas mesmas conclusões chegou o *Relatório de Nicholas Stern*, ex-economista sênior do Banco Mundial e assessor do governo inglês. "Ou investimos entre 2%-5% do PIB mundial para ajudar a Terra a encontrar seu equilíbrio ou a economia mundial conhecerá danos incomensuráveis e irreparáveis."

James Lovelock, o formulador da teoria da Terra como Gaia, prognosticou em seu último livro, *A vingança de Gaia* (2006), que no final do século somente 80% da Humanidade poderá estar viva. Isso se não forem tomadas medidas imediatas de salvamento de Gaia.

Martin Rees, o astrônomo real inglês, em seu livro *Hora final, o desastre ambiental ameaça o futuro da humanidade* (2005) já chamava a atenção para a exigência de uma nova moralidade. Caso contrário, até o final do século a espécie *homo* poderá ter desaparecido completamente.

Haverá sabedoria suficiente na Humanidade, vontade política dos chefes de Estado e sentido ético dos executivos das grandes corporações internacionais para começar imediatamente uma nova economia política e um novo modo sustentável de viver coletivamente que salve a Terra e a Humanidade?

Descobrimos talvez tarde demais (somente a partir dos anos 1970 do século XX) que a Terra é uma entidade autorreguladora, quer dizer, um superorganismo vivo que articula o físico, o químico, o biológico e antropológico de tal forma que ela se torna benevolente para a vida. É a teoria de Gaia formulada por James Lovelock, acolhida como científica em 2001 pela Declaração de Amsterdã, subscrita por mais de mil cientistas que reconhecem o caráter vivo da Terra.

O problema reside nisso: agora nos certificamos de que a regulação normal da Terra está falhando e que ela está se aproximando do estado crítico e que toda a sua vida corre perigo (Lovelock, 2006, 65). Assim como um médico se dá conta da gravidade da doença de seu paciente pelo nível de febre que apresenta, da mesma forma os analistas do estado da Terra estão se dando conta do estado alterado de seu clima interno. Na febre há um limite que, se ultrapassado, a vida é submetida a grande risco. O mesmo se dizia em relação à Gaia: devemos cuidar e proteger, e jamais ultrapassar o limite.

Os dados do Painel Intergovernamental das Mudanças Climáticas nos atestam que ultrapassamos o limite. Ultrapassado o limite, não conseguiremos mais parar a roda, apenas reduzir-lhe a velocidade. De forma irreversível a Terra mudará para um estado mais quente que pode chegar até 6 graus Celsius no fim do presente século. Por volta de 2040, a situação poderá em algumas regiões ser insuportável. Então se seguiria a era das devastações em massa, podendo dizimar 80% da população humana (Lovelock, *A vingança de Gaia*, 19). Numa situação como esta fica claro que nós já não seremos mais bem-vindos na Terra e seremos rejeitados por ela.

Enfaticamente escreve J. Lovelock: "Agora, quando o sino começou a dobrar para anunciar nosso fim, continuamos falando de desenvolvimento sustentável e energia renovável como se essas oferendas fracas pudessem ser aceitas por Gaia como um sacrifício apropriado e acessível. Somos como um membro negligente e descuidado de uma família que acha que um simples pedido de desculpas é suficiente" (*A vingança de Gaia*, 2006, 140). Não queremos que Gaia decrete a nossa extinção. Mas para merecer viver junto dela temos que mudar de padrão de comportamento.

Por outro lado, devemos levar em conta a história de Gaia. Embora a situação atual seja antropogênica, vale dizer, induzida pelas práticas irresponsáveis do ser humano, houve um fenômeno natural semelhante há 55 milhões de anos. Houve no sudeste da Ásia uma fenomenal irrupção de vulcões que deixaram como consequência um lago de mais de 100 quilômetros de comprimento por 30 de largura. O clima da Terra subiu entre 5-8 graus Celsius. Houve uma devastação descomunal de espécies de seres vivos. A Terra necessitou de 200 mil anos para recuperar o equilíbrio favorável à manutenção da biodiversidade.

3. O caso da Amazônia

Aproveitamos essas reflexões para oferecer alguns dados básicos sobre a maior floresta tropical do mundo, a Amazônia. Ela compreende 6,5 milhões de quilômetros quadrados, compartida por 6 países latino-americanos. Abriga o maior patrimônio hídrico e genético do planeta. Os vários tipos de floresta e de solos que nela existem (de várzea, de terra firme, de igapó, campinas, caatinga, cerrado e manguezal) comportam uma assombrosa biomassa: mais de 60 mil espécies de plantas, 2,5 milhões de espécies de artrópodes (insetos, aranhas, centopeias etc.), 2 mil espécies de peixes, mais de trezentas espécies de mamíferos e um número incomensurável de micro-organismos.

De um de nossos melhores estudiosos da parte brasileira da Amazônia, Eneas Salati, sabemos: "Em poucos hectares da Floresta Amazônica existe um número de espécies de plantas e de insetos maior que em toda a flora e fauna da Europa" (Salati 1983, 56). Mas essa floresta luxuriante é extremamente frágil, pois se ergue sobre um dos solos mais pobres e lixiviados da Terra. Se não controlarmos o desmatamento, em dezenas de anos a Amazônia pode se desfigurar totalmente.

Ela não é terra virgem e intocável. Em milhares de anos, dezenas de povos indígenas, que ali viveram e vivem, atuaram como verdadeiros ecologistas. Grande parte de toda Floresta Amazônica, especialmente de várzea, foi manejada pelos indígenas, promovendo "ilhas de recursos", criando condições favoráveis para o desenvolvimento de espécies vegetais úteis como o babaçu, a palmeira, o bambu, os bosques de castanheiras e frutas de toda espécie, plantadas ou cuidadas para si e para aqueles que, por ventura, por lá passassem. As famosas "terras pretas de índios" remetem para esse manejo.

A ideia de que o índio é genuinamente natural representa uma ecologização errônea dele, fruto do imaginário urbano, fatigado pela artificialização da vida. Ele é um ser cultural. Como atesta o antropólogo Viveiros de Castro: "A Amazônia que vemos hoje é a que resultou de séculos de intervenção social, assim como as sociedades que ali vivem são resultado de séculos de convivência com a Amazônia" (1992, 26).

O mesmo diz em seu instrutivo livro *Quando o Amazonas corria para o Pacífico* o pesquisador Evaristo Eduardo de Miranda:

Resta pouca natureza intocada e não alterada pelos humanos na Amazônia(...) Sociedades agrícolas, ainda coletoras e caçadoras, organizaram-se, chegaram ao ponto de criar protoestados, desenvolveram sofisticadas redes de comércio com os Andes e a América Central(...) Há milênios as paisagens da Amazônia tidas como naturais são na realidade artefatos culturais, territórios moldados por civilizações onde os conhecimentos não visavam a acumulação mas a construção e a reprodução de sociedades com fortes componentes simbólicos e de integração com a natureza (Vozes 2007, 83, 102 e 103).

Por 1.100 anos os tupis-guaranis dominaram vastíssimo território que ia dos contrafortes andinos do rio Amazonas até as bacias do Paraguai e do Paraná: um verdadeiro império como os grandes conhecidos na Europa, no Oriente Médio, na Ásia e na África.

Índio e floresta, portanto, se condicionam mutuamente. As relações não são naturais mas culturais, numa teia intrincada de reciprocidades. Eles sentem e veem a natureza como parte de sua sociedade e cultura, como prolongamento de seu corpo pessoal e social. Para eles, a natureza é um sujeito vivo e carregado de intencionalidades. Não é como para nós, modernos, algo objetal, mudo e sem espírito. A natureza fala e o indígena entende sua voz e mensagem. Por isso ele está sempre auscultando a natureza e se adequando a ela num jogo complexo de inter-retro-relações. Eles encontraram um sutil equilíbrio sociocósmico e uma integração dinâmica, embora houvesse também guerras e verdadeiros extermínios, como aqueles dos sambaquieiros que viviam nas costas atlânticas do Brasil e de outras tribos (Miranda 2007, 53).

Mas há sábias lições que precisamos aprender deles face às atuais ameaças ambientais. Importa entender a Terra, não como algo inerte, com recursos ilimitados, disponíveis à voracidade humana. Mas como algo vivo, a "Mãe do índio" a ser respeitada em sua integridade. Se uma árvore é derrubada, faz-se um rito de desculpa para resgatar a aliança de amizade com ela. Precisamos de uma relação sinfônica com a comunidade de vida, pois, como foi comprovado, Gaia já ultrapassou seu limite de suportabilidade. Se deixarmos as coisas correrem e não fizermos nada, as ameaças se tornarão devastadora realidade.

No momento atual, se parássemos tudo em nosso processo de produção e de consumo, a Terra precisaria de cerca de mil anos até recuperar-se das chagas que lhe temos infligido.

James Lovelock não se cansa de advertir (*A vingança de Gaia*, 108) que se uma espécie de forma continuada e persistente agride o meio ambiente, ameaçando outras espécies, está fadada à extinção. Essa espécie, no caso presente, é a humana. Ela está em guerra contra Gaia na medida em que se apossa de terra para monocultura, polui o ar, envenena os solos e assim tolhe a Gaia de sua capacidade de regular os climas e a química dos solos e das águas. Essa guerra será vencida por Gaia e não por nós. Ela não se contenta com pequenos presentes como quem pretende enganá-la. É mãe generosa, mas pode ser madrasta implacável contra quem viola obstinadamente suas regras.

Fazemos nossas a admoestação o biólogo E. Wilson: "Os que hoje vivem na Terra têm de vencer a corrida contra a extinção ou então serão derrotados – e derrotados para sempre. Eles conquistarão honrarias eternas, ou o desprezo eterno" (*A criação*, 2008, 115).

O desaparecimento do ser humano seria a condição de a Terra poder subsistir, manter sua capacidade vital de coevoluir com toda sua integridade.

Como se deve pensar esta possibilidade do ser humano não estar mais sobre a Terra? Essa questão merece um tratamento mais detalhado.

BIBLIOGRAFIA

Barrère, M., (1992). *Terra, patrimônio comum*. São Paulo: Nobel.
Boff, L., (1999). *Saber cuidar*. Ética do humano e compaixão pela Terra. Petrópolis: Vozes.
____ (2003). *Ecologia: grito da Terra, grito dos pobres*. Rio de Janeiro: Sextante.
____ (2001). *Ética e eco-espiritualidade*. Campinas: Versus.
____ (2005). *Ética da Vida*. Rio de Janeiro: Sextante.
Castro, V., (1992). "Sociedades indígenas e natureza na Amazônia, em *Tempo e Presença* n. 261.
Jonas, H., (2006). *O princípio de responsabilidade*. Rio de Janeiro: PUC.
Lovelock, J., (2006). *A vingança de Gaia*. Rio de Janeiro: Intrínseca.
Lutzenberger, J. A., (1980). *Fim do futuro?* Porto Alegre: Movimento.
Miranda. E. E., (2007). *Quando o Amazonas corria para o Pacífico*. Petrópolis: Vozes.
Meadows, D., et al., (1972). *Os limites do crescimento*. São Paulo: Perspectiva.
Monod, Th., (2000). *Et si l'aventure humaine devait echouer*. Paris: Grasset.
Oberhuber, T., (2004). "Camino de la sexta gran extinción", em *Ecologista*, Madrid n. 41.
Rees, M., (2005). *A hora final*. São Paulo: Companhia das Letras.
Wilson, E., (2002). *O futuro da vida*. Rio de Janeiro: Campus.
____ (2008). *A criação*. Como salvar a vida na Terra. São Paulo: Companhia das Letras.
Zohar, D., (2004). *A inteligência espiritual*. Rio de Janeiro: Record.

Capítulo IV

PODE O SER HUMANO DESAPARECER? REFLEXÕES FILOSÓFICAS E TEOLÓGICAS

As ameaças que pesam sobre a Terra incluem a espécie humana. Poderá ela ser vítima de alguma terrível dizimação? Como interpretar essa eventual catástrofe?

Sabemos que, normalmente, a cada ano cerca de trezentas espécies de organismos vivos chegam ao seu clímax, depois de milhões e milhões de anos de existência, e retornam à Fonte originária de todo ser (vácuo quântico), aquele oceano insondável de energia que é anterior ao *Big Bang* e que continua subjacente a todo o universo. Tem-se notícia de muitas extinções em massa durante os três bilhões de anos da história da vida (Ward, *Fim da evolução*, 1997).

Dos seres humanos, sabemos que das várias expressões, somente o *homo sapiens sapiens* se consolidou na história há cerca de 100 mil anos e permaneceu até o presente sobre a Terra. Os demais representantes, especialmente o homem de Neandertal, desapareceram definitivamente da história.

Da mesma forma, isso vale para as culturas ancestrais. No Brasil, por exemplo, a cultura do sambaqui e os próprios sambaquieiros que viveram há cerca de 8.000 anos nas costas oceânicas brasileiras foram literalmente exterminados por antropófagos, anteriores aos atuais indígenas. Deles nada restou a não ser os grandes monturos de conchas, cascos de tartarugas e restos de crustáceos (Miranda, 2007, 52-53). Muitas delas sumiram definitivamente, deixando parcos sinais de sua existência, como a cultura da ilha de Páscoa ou as culturas matriarcais que predominaram em várias partes do mundo, há cerca de 20 mil anos, especialmente, na bacia do Mediterrâneo. Estas deixaram as figuras das divindades maternas sob diferentes formas, como aquela da Grande Mãe dos mil seios, para expressar a fecundidade do princípio materno.

Entre as tantas espécies que desaparecem por ano, não poderá estar a espécie *homo sapiens/demens*? Dessa vez, tudo indica que seu desaparecimento não se deve a um processo natural da evolução, mas a causas derivadas de sua prática irresponsável, destituída de cuidado e de sabedoria face ao conjunto do sistema da vida e do sistema-Gaia.

Existe, realmente, essa possibilidade?

1. Possibilidade real do fim da espécie *homo*

Nomes notáveis das ciências não excluem essa eventualidade. Stephen Hawking, em seu livro *O universo numa casca de noz* (2001, 159), reconhece que em 2600 a população mundial ficará ombro a ombro e o consumo de eletricidade deixará a Terra incandescente. Ela poderá destruir a si mesma.

Lynn Margulis e Dorian Sagan, notáveis microbiólogas, no conhecido livro *Microcosmos* (1990) afirmam, baseadas em dados dos registros fósseis e da própria biologia evolutiva, que um dos sinais do colapso próximo de uma espécie é sua rápida superpopulação. Isso pode ser comprovado por micro-organismos colocados na *cápsula Petri* (placa redonda com colônias de bactérias e nutrientes). Pouco antes de atingirem as bordas da placa e se esgotarem os nutrientes, ela se multiplicam de forma exponencial. E de repente morrem.

Para a Humanidade, comentam elas, a Terra pode mostrar-se idêntica a uma *cápsula Petri*. Com efeito, ocupamos quase toda a superfície terrestre, deixando apenas 17% livre: desertos, floresta Amazônica e regiões polares. Estamos chegando às bordas físicas da Terra. Há explosão demográfica e decrescimento dos meios de vida num planeta limitado. Sinal precursor de nossa extinção próxima?

O prêmio Nobel Christian de Duve, em seu conhecido *Poeira vital* (1997, 355) atesta que "a evolução biológica marcha em ritmo acelerado para uma grande instabilidade; de certa forma nosso tempo lembra uma daquelas importantes rupturas na evolução, assinaladas por extinções maciças". Antigamente eram os meteoros rasantes que ameaçavam a Terra, hoje o meteoro rasante se chama ser humano.

Théodore Monod, talvez o último grande naturalista contemporâneo, deixou como testamento um texto de reflexão com esse título: "E se a aventura humana vier a falhar?" (2000, 246, 248). Assevera: "Somos capazes de uma conduta insensata e demente, pode-se a partir de agora temer tudo, tudo mesmo, inclusive a aniquilação da raça humana" (p. 246). E acrescenta: "seria o justo preço de nossas loucuras e de nossas crueldades".

Se olharmos a crise social mundial e o crescente alarme ecológico esse cenário de horror não é impensável.

Edward Wilson atesta em seu alarmante livro O futuro da vida (2002, 121): "O homem até hoje tem desempenhado o papel de assassino planetário"(...) a ética da conservação, na forma de tabu, totemismo ou ciência, quase sempre chegou tarde demais, talvez ainda haja tempo para agir". Num outro livro, se pergunta se na lista dos seres vivos a desaparecer não estaria o homo sapiens. E responde: "Talvez sim, talvez não, mas com certeza somos o meteorito gigante da nossa época, e iniciamos a sexta extinção em massa da história Fanerozoica"(*A Criação*, 2008, 93).

Quero citar ainda dois nomes da ciência que possuem grande respeitabilidade: James Lovelock com um instigante título *A vingança de Gaia* (2006) e o astrofísico inglês Martin Rees (*Hora final*, 2005), que preveem a drástica diminuição da espécie ou até o seu o fim antes do final do século XXI. Lovelock é contundente:

> "Até o fim do século, 80% da população humana desaparecerá. Os 20% restantes vão viver no Ártico e em alguns poucos oásis em outros continentes, onde as temperaturas forem mais baixas e houver um pouco de chuva(...).Quase todo o território brasileiro será demasiadamente quente e seco para ser habitado" (*Veja*, 20).

E para completar a opinião dos dois notáveis historiadores, Arnold Toynbe afirma em sua autobiografia: "Vivi para ver o fim da história humana tornar-se uma possibilidade real que pode ser traduzida em fato não por um ato de Deus mas do homem" (*Experiências*, 1970, 422).

Por fim, Eric J. Hobsbawn, em seu conhecido *A era dos extremos* (1994, 562), conclui:

> "Não sabemos para onde estamos indo. Contudo, uma coisa é certa. Se a Humanidade quer ter um futuro reconhecível, não pode ser pelo prolongamento do passado ou do presente. Se tentarmos construir o terceiro milênio nesta base, vamos fracassar. E o preço do fracasso, ou seja, a alternativa para a mudança da sociedade, é a escuridão."

Lógico, precisamos ter paciência para com o ser humano. Ele não está pronto ainda. Tem muito a aprender. Em relação ao tempo cósmico possui menos de um minuto de vida. Mas com ele a evolução deu um salto, de inconsciente se fez consciente. E com a consciência pode decidir que destino quer para si. Nesta perspectiva, a situação atual representa antes um desafio que um desastre possível, a travessia para uma ordem mais alta e não fatalmente um mergulho na autodestruição. Estaríamos portanto num cenário de crise e não de tragédia.

Mas haverá tempo para tal aprendizado? Tudo parece indicar que o tempo do relógio corre contra nós. Possivelmente estamos chegando tarde demais, pois teríamos passado do ponto de não retorno. A evolução não é linear e conhece frequentes rupturas e saltos quânticos para cima decorrente de maior complexidade. Existe o caráter indeterminado e flutuante de todas as energias e de toda a matéria, consoante, segundo a física quântica de W. Heisenberg e de N. Bohr. Por isso nada impede que ocorra a emergência de um outro patamar de consciência e de vida humana que salvaguarde a biosfera e o planeta Terra.

2. Consequências do desaparecimento da espécie *homo*

Na hipótese de um eventual desaparecimento da espécie *homo,* que consequências se derivariam para nós e para o processo da evolução?

Antes de qualquer consideração, importa reconhecer que seria uma catástrofe biológica de incomensurável magnitude. O trabalho de pelo menos 3,8 bilhões de anos, data provável do surgimento da vida, e dos últimos 5-7 milhões de anos, data do aparecimento da espécie *homo,* e dos últimos 100 mil anos, da irrupção do *homo sapiens*, trabalho esse feito pelo inteiro universo das energias, das informações e das diferentes formas de matéria, teria sido anulado.

O ser humano, na medida em que podemos constatar, estudando o universo, é o ser da natureza mais complexo já conhecido. Complexo em seu *corpo* com 30 trilhões de células, continuamente renovadas pelo sistema genético, complexo em seu *cérebro* de 100 bilhões de neurônios em contínua sinapse, complexo em sua *interioridade*, em sua psiquê e em sua consciência, carregada de informações recolhidas desde o irromper do cosmos com o *Big Bang* e enriquecida com emoções, sonhos, arquétipos, símbolos e ideias, tudo oriundo das interações da consciência consigo mesma e com o ambiente à sua volta, complexo em seu *espírito*, capaz de captar o todo e sentir-se parte dele e de identificar aquele Elo que une e reúne, liga e religa todas as coisas fazendo que não sejam caóticas mas ordenadas e confiram sentido e significado à existência neste mundo e nos fazendo suscitar sentimentos de profunda veneração e respeito face à *grandeur* do cosmos.

Até hoje não foram identificadas cientificamente e de forma irrefutável outras inteligências no universo. Por enquanto somos como espécie *homo* uma singularidade sem comparação no cosmos.

O universo, a história da vida e a história da vida humana perderiam algo inestimável com o nosso desaparecimento.

Toda a criatividade produzida por esse ser, criado criador, que realizou coisas que a evolução por ela mesma jamais faria, como nos pintar uma tela de Di Cavalcanti, ou nos fazer ouvir uma sinfonia de Beethoven, ou construir um canal de televisão, as produções da cultura material, simbólica e espiritual, tudo teria desaparecido para sempre.

Para sempre virariam pó as grandes realizações poéticas, musicais, literárias, científicas, sociais, políticas, éticas e religiosas da Humanidade.

Para sempre teriam desaparecido as referências de figuras paradigmáticas de seres humanos entregues ao amor, ao cuidado, à compaixão e à proteção da vida em todas as suas formas como Buda, Chuang-tzu, Moisés, Jesus, Maria de Nazaré, Maomé, Francisco de Assis, Gandhi entre tantos e tantas outras. Para sempre teriam desaparecido também as antifiguras que macularam o humano e violaram a dignidade da vida em incontáveis guerras e extermínios cujos nomes sequer queremos mencionar.

Para sempre teria desaparecido a decifração feita da Fonte originária de todo ser que permeia a realidade e a consciência de nossa profunda comunhão com ela, fazendo-nos sentir filhos e filhas de Deus, um projeto infinito que somente descansa quando se aconchega no seio do Pai e da Mãe de infinita ternura e bondade.

Para sempre todo esse universo de valores e de avanços teria desaparecido desta pequena parte do universo que é a nossa Mãe Terra.

3. Quem nos substituiria na evolução da vida?

Na hipótese de que o ser humano venha a desaparecer como espécie, mesmo assim o princípio de inteligibilidade e de amorização ficaria preservado. Ele está primeiro no universo e depois nos seres humanos. Esse princípio é tão ancestral quanto o universo. Quando, nos primeiríssimos momentos após a grande explosão, topquarks, prótons e outras partículas elementares começaram a interagir, surgiram campos de relações e unidades de informação e ordens mínimas de complexidade. Assim se manifestou aquilo que depois se chamaria de espírito, ou seja, a capacidade de criar unidades e quadros de ordem e de sentido. Ao desaparecer em sua expressão humana, isso emergiria, um dia, quem sabe em milhões de anos de evolução, em algum ser também altamente complexo.

Théodore Monod, morto em 2000, sugere até um candidato já presente na evolução atual, os *cefalópodes*, isto é, os moluscos como os polvos e as lulas. Alguns deles possuem um aperfeiçoamento anatômico notável, sua cabeça é dotada de cápsula cartiginosa, funcionando como crânio, e possuem olhos como os vertebrados. Detém ainda um psiquismo altamente desenvolvido, até com dupla memória, quando nós possuímos apenas uma (2000, 247-248).

Evidentemente, eles não sairiam amanhã do mar e entrariam continente adentro. Precisariam de milhões de anos de evolução. Mas já possuem a base biológica para um salto rumo à consciência.

De todas as formas, urge escolher: ou o ser humano e seu futuro, ou os polvos e as lulas. Somos otimistas: vamos criar juízo e aprender a ser sábios.

Mas importa mostrar imediatamente amor à vida em sua majestática diversidade, ter compaixão com todos os que sofrem, realizar rapidamente a justiça social necessária e amar a Grande Mãe, a Terra. Incentivam-nos as Escrituras judaico-cristãs: "Escolha a vida e viverás" (Deut. 30, 28). Andemos depressa, pois não temos muito tempo a perder.

4. Como a teologia cristã vê o eventual fim da espécie?

Antes de qualquer resposta, situemos a pergunta em sua tradição histórica, pois não é a primeira vez que os seres humanos colocam seriamente essa questão.

Sempre que uma cultura entra em crise, como a nossa, faz suscitar mitos de fim do mundo e de destruição da espécie. Usa-se, então, recurso literário conhecido: relatos patéticos de visões e de intervenções de anjos que se comunicam para anunciar mudanças iminentes e preparar a Humanidade. No Novo Testamento, esse gênero ganhou corpo no livro do Apocalipse e em alguns trechos dos Evangelhos que colocam na boca de Jesus predições de fim do mundo.

Hoje, prolifera vasta literatura esotérica que usa códigos diferentes como passagem a outro tipo de vibração e comunicação com extraterrestres. Mas a mensagem é idêntica: a viragem é iminente e há que estar preparado.

Importante é saber interpretar esse tipo de linguagem. É linguagem de tempos de crise e não uma reportagem antecipada do que vai ocorrer.

Mas há uma diferença entre os antigos e nós, hoje. Para os antigos, o fim do mundo estava no imaginário deles e não no processo realmente existente. Para nós está no processo real, empírico, pois criamos de fato o princípio de autodestruição.

E se desaparecermos, como se há de interpretar isso? Chegou a nossa vez no processo de evolução, já que há sempre espécies desaparecendo naturalmente? Que diz a reflexão teológica cristã?

Rapidamente diria: se o ser humano frustrar sua aventura planetária significa, sem dúvida, uma tragédia inominável. Mas não seria uma tragédia absoluta. Essa, ele já a perpetrou um dia. Quando o Filho de Deus se encarnou em nossa miséria, nós o assassinamos, pregando-o na cruz. Só então se formalizou o pecado original que, para além de qualquer interpretação mítica, é um processo histórico de negação da vida. Mas ocorreu outrossim a suprema salvação, creem os cristãos, pois onde abundou pecado, superabundou também graça. Maior perversidade do que matar a criatura, vale dizer, a nós mesmos, é matar o Criador encarnado.

Mesmo que a espécie mate a si mesma, ela não conseguirá matar tudo dela. Só matará o que é. Não pode matar aquilo que ainda não é: as virtualidades escondidas nela e que querem se realizar. E aqui entra a morte em sua função libertadora. A morte não separa corpo e alma, pois no ser humano não há nada a separar. Ele é um ser unitário com muitas dimensões. O que a morte separa é o tempo da eternidade. Ao morrer, o ser humano deixa o tempo e penetra na eternidade. Caindo as barreiras espaço-temporais, as virtualidades agrilhoadas podem desabrochar em sua plenitude. Só então acabaremos de nascer como seres humanos plenos (Boff, 2000). Portanto, mesmo com a liquidação criminosa da espécie, o triunfo da espécie não é frustrado. A espécie sai tragicamente do tempo pela morte, morte essa que lhe concede entrar na eternidade, momento de sua possível plenitude.

Alimentamos otimismo. Assim como o ser humano domesticou outros meios de destruição, como o primeiro deles, o fogo (que originou os mitos de fim do mundo), agora domesticará os meios que podem destruí-lo. Aqui caberia uma análise das possibilidades dadas pela nanotecnologia (que trabalha com átomos, genes e moléculas) que pode, eventualmente, oferecer meios técnicos para diminuir o aquecimento global e purificar a biosfera dos gases de efeito estufa (Martins, 2006, 168-170).

De todas as formas, devemos pensar estas questões em termos da física quântica e da nova cosmologia. A evolução não é linear. Ela acumula energia e dá saltos. Assim também nos sugere a física quântica *à la* Niels Bohr e Werner Heisenberg: virtualidades escondidas, vindas do vácuo quântico, daquele oceano indecifrável de energia que subjaz e penetra o universo, podem irromper e modificar a seta da evolução.

Custa-me pensar que nosso destino, depois de milhões de anos de evolução, termine assim miseravelmente nas próximas gerações. Haverá um salto, quem sabe, na direção daquilo que já em 1933 Pierre Teilhard de Chardin anunciava: a irrupção da *noosfera*, vale dizer, aquele estado de consciência e de relação com a natureza que inaugurará uma nova convergência de mentes e corações e assim um novo patamar da evolução humana e da história da Terra.

O que importa dizer é que não acaba *o mundo*, mas pode acabar *este tipo* de mundo insensato que ama a guerra e a destruição em massa. Vamos inaugurar um mundo humano que ama a vida, dessacraliza a violência, tem cuidado e piedade para com todos os seres, faz a justiça verdadeira, enfim, que nos permite estarmos no monte das bem-aventuranças. Ou simplesmente: que terá aprendido a tratar humanamente todos os seres humanos e com cuidado, respeito e compaixão a todos os demais seres. Tudo que existe, merece existir. Tudo o que vive merece viver. Especialmente nós seres humanos.

BIBLIOGRAFIA

Boff, L., (2000). *Vida para além da morte*. Petrópolis: Vozes.
____ (2000). *Tempo de transcendência*. O ser humano como projeto infinito. Rio de Janeiro: Sextante.
Duve, C., (1997). *Poeira vital*. A vida como imperativo cósmico. Rio de Janeiro: Campus.
Hawking, S., (2001). *O universo numa casca de noz*. São Paulo: Mandarim.
Higa, T., (2002). *Eine Revolution zur Rettung der Erde*. Xanten: OLV, Organischer Landbau.
Hobsbawn, E., (1994). *A era dos extremos*. São Paulo: Objetiva.
Jacquard, A. e Kahn, A., (2001). *L'avenir n'est pas écrit*. Paris: Boyard.
Lovelock, J., (2006). *A vingança de Gaia*, Rio de Janeiro: Intrínsea.
Martins, P.R. (org), (2006). *Nanotecnologia, sociedade e meio ambiente*. São Paulo: Xamã.
Miranda, E. E., (2007). *Quando o Amazonas corria para o Pacífico*, Petrópolis:Vozes.
Margulis, L. e Sagan, D., (1990). *Microcosmos*. Quatro bilhões de anos de evolução microbiana. Lisboa: Edições 70.
Monod, J., (2000). *Et si l'aventure humaine devait échouer?* Paris: Grasset.
Rees, M., (2005). *Hora final*. São Paulo: Companhia das Letras.
Revista Veja, "Páginas Amarelas", de 25 de outubro 2006.
Toynbee, A. (1970). *Experiências*. Petrópolis: Vozes.
Ward, P., (1997). *O fim da evolução*. Extinções em massa e preservação da biodiversidade. Rio de Janeiro: Campus.
Wilson, E., (2002). *O futuro da vida*. Rio de Janeiro: Campus.
____ (2008) *A criação*. Como salvar a vida na Terra. São Paulo: Companhia das Letras.

Capítulo V

A OPÇÃO-TERRA E A URGÊNCIA DA ECOLOGIA

Face às ameaças que pesam sobre a Terra e o risco do desaparecimento da espécie humana, sentimos a urgência de fazermos uma opção pela Terra e pela Humanidade. Essa preocupação é fundamental e torna todas as demais não irrelevantes, mas relativas, quer dizer, a ela relacionadas. Podemos estar dentro de um Titanic afundando. Só alienados e ignorantes continuam fazendo projetos, como se nada houvesse, se divertindo, comendo e bebendo como os ímpios nos tempos de Noé.

Tal atitude nos faz lembrar da parábola de Sören Kierkegaard (1813-1855), famoso filósofo dinamarquês, sobre um *clown*, um palhaço de circo. O fato, conta ele, é que estava ocorrendo um incêndio nas cortinas do fundo do teatro. O diretor enviou então o palhaço que já estava pronto para entrar em cena, a fim de avisar a toda a plateia do fato. Ele suplicava que acorressem para apagar as chamas. Como se tratava de um palhaço, todos imaginavam que era apenas um truque para fazer as pessoas rirem. E estas riam que riam. Quanto mais o palhaço conclamava a todos, mais eles riam. Então, o palhaço se pôs sério e começou a gritar: o fogo está queimando as cortinas, vai queimar todo o teatro e vocês vão queimar junto. Todos acharam tudo isso muito engraçado, pois pensavam que ele estava cumprindo esplendidamente seu papel. O fato é que o fogo consumiu o palco e todo o teatro com as pessoas dentro. Conclui Kierkegaard: "Assim, suponho eu, é a forma pela qual o mundo vai acabar no meio da hilariedade geral dos gozadores e galhofeiros que pensam que tudo, em fim, não passa de mera gozação."

Estas palavras de Kierkegaard se aplicam perfeitamente a governos, a muitos cientistas, empresários, religiosos e até a gente do povo, que pensam ser o aquecimento global uma grande enganação ou um alarme falso. Dizem que o fenômeno é, em grande parte, natural e que a Terra tem condições por si mesma de encontrar o equilíbrio perdido e bom para a vida.

1. A ecologia como resposta à crise da Terra

Neste contexto dramático, a ecologia está sendo evocada como nunca foi antes. Ela já possuía um século de existência e de sistematização. Era um subcapítulo da biologia. Mas os ecólogos pouco se faziam ouvir. Agora, ela passou da universidade para a rua: é uma das preocupações políticas fundamentais da Humanidade, ocupa a cena ideológica, científica, ética e espiritual. Somente assumindo as exigências da ecologia, em seu sentido amplo, poderemos fazer frente aos desafios que nos vêm do aquecimento global e da crise que se abateu sobre todo o sistema-Terra.

O que pensamos quando falamos de ecologia?

Na compreensão de seu primeiro formulador, Ernst Haeckel (1834-1919), discípulo alemão de Darwin, a ecologia é o estudo do inter-retro-relacionamento que todos os sistemas vivos e não vivos têm entre si e com o seu respectivo meio ambiente

(1868). Não se trata de estudar o meio ambiente ou os seres bióticos (vivos) ou abióticos (inertes) em si mesmos. Mas a interação e a interdependência entre eles. Isso é o que forma o meio ambiente, expressão cunhada em 1800 pelo dinamarquês Jens Baggesen e introduzida no discurso biológico por Jakob von Uexküll (1864-1944).

Quer dizer: o que se visa não é o meio ambiente, mas o ambiente inteiro. Um ser vivo não pode ser visto isoladamente como um mero representante de sua espécie, mas deve ser visto e analisado sempre dentro de seu ecossistema, em relação ao conjunto das condições vitais que o constituem e no equilíbrio com todos os demais representantes da comunidade dos viventes em presença (biota e biocenose).

Tal concepção fez com que a ciência deixasse os laboratórios e se inserisse organicamente na natureza, onde tudo convive com tudo formando uma imensa comunidade de vida. Recuperou-se assim uma visão holística da natureza e dentro dela, das espécies e de seus representantes individuais.

Portanto, a ecologia é um saber das relações, interconexões, interdependências e intercâmbios de tudo com tudo em todos os pontos e em todos os momentos. Nessa perspectiva, a ecologia não pode ser definida em si mesma, fora de suas implicações com outros saberes. Ela não é um saber de objetos de conhecimento, mas um saber de relações entre os vários objetos de conhecimento. Ela é um saber de saberes, relacionados entre si.

Ela não substitui os saberes particulares com os seus paradigmas específicos, seus métodos e seus resultados, como a física, a geologia, a oceanografia, a biologia, a termodinâmica, a biogenética, a zoologia, a antropologia, a astrofísica, a cosmologia etc. Essas ciências devem continuar a se construir mas sempre atentas umas às outras, por causa da interdependência que os objetos por elas estudados guardam entre si.

A ecologia é mais bem compreendida a partir das ciências da complexidade e da Teoria do caos. Pois essas ciências tratam de sistemas dinâmicos não lineares, autorregulados, adaptativos e coevolutivos que conhecem incertezas, ambiguidades e bifurcações. Pois é assim que se comporta a natureza. Tudo se encontra inter-retro-conectado, formando redes e redes de redes compondo o grande sistema do cosmos, da Terra e da vida. O sistema é sempre aberto, trocando a todo momento matéria, energia e informação e assim vai se autocriando, autorregulando e coevoluindo.

De forma semelhante, o equilíbrio é sempre dinâmico, permanentemente em construção, passando por momentos de caos. O caos é só aparentemente caótico. Ele esconde uma outra ordem muito complexa que não se deixa ver imediatamente. Mas ela emerge lentamente dando visibilidade a uma nova ordem com seu equilíbrio adequado.

A singularidade do saber ecológico consiste na transversalidade, quer dizer, no relacionar pelos lados (comunidade ecológica), para a frente (futuro) e para trás (passado) e para dentro (complexidade), todas as experiências e formas de compreensão como complementares e úteis no nosso conhecimento do universo, nossa funcionalidade dentro dele e na solidariedade cósmica que nos une a todos.

Deste procedimento resulta o *holismo* (*hólos* em grego significa totalidade). Ele não significa a soma dos saberes ou das várias perspectivas de análise. Isso seria uma quantidade e um somatório. Ele traduz a captação da totalidade orgânica da realidade e do saber sobre esta totalidade. Isso representa uma qualidade nova, um novo olhar sobre o todo.

A ecologia dá corpo a uma preocupação ética, também cobrada de todos os saberes, poderes e instituições: em que medida cada um colabora na salvaguarda da natureza ameaçada? Em que medida, cada saber incorpora o ecológico não como um tema a mais em sua disquisição, deixando inquestionada sua metodologia específica, mas em que medida cada saber se redefine a partir da indagação ecológica e aí se constitui num fator *homeostático*, vale dizer, fator de equilíbrio ecológico, dinâmico e criativo.

Mais do que dispor da realidade como bem lhe aprouver ou dominar a natureza, o ser humano deve conviver e comungar com ela, aprender seu manejo ou seu trato, obedecendo a sua própria lógica ou, partindo do interior dela, potencializando o que já se encontra seminalmente dentro dela – sempre numa perspectiva de sua preservação e ulterior desenvolvimento. Bem definia a ecologia o conhecido ecólogo brasileiro José A. Lutzenberger: "A ecologia é a ciência da sinfonia da vida, é a ciência da sobrevivência" (1979, 64). O próprio Haeckel chegou a chamar a ecologia de *a economia da natureza* (1879, 42). E como a natureza é nossa Casa Comum, a ecologia pode ser chamada também de economia doméstica.

A partir dessa preocupação ética de responsabilidade e de cuidado para com a criação, a ecologia deixou seu primeiro estágio na forma de movimento verde ou de proteção e conservação de espécies em extinção. Transformou-se numa crítica radical do tipo de civilização que construímos (Concilium 5, 1995). Este é altamente energívoro e desestruturador de todos os ecossistemas. É neste sentido que o argumento ecológico é sempre evocado em todos as questões que concernem à qualidade de vida, à vida humana no mundo e à salvaguarda ou ameaça da totalidade planetária ou cosmológica.

A *Carta da Terra*, terminada depois de oito anos de trabalho internacional em março de 2000 e assumida oficialmente pela Unesco em 2003, nos adverte enfaticamente: "Como nunca antes na história, o destino comum nos conclama a buscar um novo começo. Isto requer uma mudança na mente e no coração" (Conclusão).

A evocação da ecologia pretende ser uma via de resgate e de redenção. Como sobreviver juntos, seres humanos e o meio ambiente, pois temos uma mesma origem e um mesmo destino comum? Como salvaguardar o criado em justiça, participação, integridade e paz?

2. As várias expressões da ecologia

Antes de mais nada, devemos ultrapassar o conceito convencional de ecologia como uma técnica de gerenciamento de recursos escassos. Devemos assumi-la como uma arte, um novo paradigma de relacionamento com a Terra, com os processos produtivos, em harmonia com os sistemas vivos e com equidade social.

Vejamos as várias vertentes da ecologia como vêm sendo pensadas e praticadas atualmente e em que medida cada uma ajuda na preservação do planeta com seus ecossistemas.

a) Ecologia ambiental: a comunidade de vida

Partimos da seguinte constatação: todos moramos juntos na Casa Comum que é a Terra, somos interdependentes e nos entreajudamos no que tange à alimentação, à reprodução e à coevolução. Estas relações formam o assim chamado meio ambiente que, na verdade, é o ambiente inteiro, porque engloba todos os seres, a comunidade de vida com seu substrato físico-químico.

Em grego casa se chama *oikos*, donde se deriva a palavra ecologia. Portanto, trata-se de entender que as rochas, os rios, os oceanos, os climas, as plantas, os animais e os seres humanos não estão simplesmente jogados um ao lado do outro mas que todos se encontram interconectados entre si. Eles formam a comunidade biótica, um grande sistema dinâmico que se autorregula.

Dada a devastação sofrida pelo planeta, já soou o alarme ecológico, particularmente devido ao aquecimento global. O que o provoca é principalmente a concentração de dióxido de carbono na atmosfera, além de outros gases como o metano, que é 23 vezes mais nocivo do que o dióxido de carbono. A proposta é reduzir essa concentração a 450 ppm (partes por milhão), o dobro que havia no ar antes da revolução industrial iniciada no século XVIII. Deve-se começar já, pois podemos chegar atrasados. Segundo Lovelock, quando a presença de CO_2 atingir 500 ppm (parte por milhão) na atmosfera, a temperatura da Terra começará a se aquecer de forma cada vez mais crescente. Com isso haveria dizimação da biodiversidade e milhões de pessoas morreriam. A Amazônia seria transformada numa grande savana quente e o semiárido do Nordeste viraria um deserto. Segundo ele, a presença de CO_2 na atmosfera já é de 350 ppm. Se nada for feito, o planeta atingirá o ponto limite de 500 ppm em quarenta anos. Aí então entraríamos numa situação de caos. Até haver uma estabilização, pois o caos é sempre generativo, poderão acontecer impactos devastadores sobre todo o sistema-Gaia.

Por isso a *Carta da Terra*, esse documento importante do início do século XXI, que analisaremos num capítulo especial, representando o melhor da consciência ecológica, humanística, ética e espiritual da Humanidade, diz: "Estamos diante de um momento crítico na história da Terra, numa época em que a Humanidade deve escolher o seu futuro. A escolha é nossa: ou formar uma aliança global para cuidar da Terra e uns dos outros, ou arriscar a nossa destruição e a da diversidade da vida" (Preâmbulo).

Para entendermos a importância da ecologia ambiental precisamos em primeiro lugar superar uma visão reducionista de meio ambiente e, em segundo lugar, ganharmos um olhar mais integrador do planeta Terra, que é formado por muitos tipos de meio ambientes, os assim chamados ecossistemas ou biomas, ou ainda a comunidade de vida.

Meio ambiente, em primeiro lugar, não é algo que está fora de nós e que não nos diz respeito diretamente. Nós pertencemos ao meio ambiente, pois nos alimentamos com os produtos da natureza, respiramos ar, bebemos água, que constitui grande parte de nosso organismo, corre em nosso corpo e em nosso sangue ferro, nitrogênio, magnésio, fósforo e outros tantos elementos físico-químicos que formam também todos os seres do universo. Basta ocorrer uma mudança de clima ou haver excesso de poluentes no ar ou pesticidas nos alimentos para sentirmo-nos afetados em nossa saúde. Estamos dentro do meio ambiente e formamos com os demais seres a comunidade terrenal ou o ambiente inteiro.

Em segundo lugar, precisamos enriquecer nosso olhar sobre a Terra. Como dissemos anteriormente ela não é simplesmente a composição de terras elevadas e oceanos, lagos e rios com bordas de cobertura vegetal. Essa é uma leitura pobre. Importa incorporar a visão que os astronautas nos transmitiram. Lá de suas naves espaciais puderam ver a Terra de fora da Terra. Eles testemunharam o fato de que da Lua ou das naves espaciais não existe diferença entre Terra e Humanidade, entre Terra e biosfera; formamos uma única e irradiante realidade.

Nós somos Terra. Somos Terra que sente, que pensa, que ama, que cuida e que venera.

Qual é o problema atual? O problema é que a regulação normal da Terra está falhando e que ela está se aproximando do estado crítico, podendo entrar num processo de caos e colocar toda a vida sob risco.

O limite da Terra é medido pelo nível de dióxido de carbono, de metano e de outros gases que produzem o efeito estufa e o aquecimento global.

Como a Terra vai assimilar esses resíduos, invisíveis e mortais? O receio, o medo e até o pavor que estão tomando conta de muitos cientistas, economistas e políticos ecologicamente despertos são de que consequências advirão do aquecimento global dentro do qual já estamos. A Terra não vai pegar fogo, mas se tornará quente o suficiente para derreter o gelo das calotas polares e da Groenlândia. Os oceanos poderão subir de 0,59 centímetros até 14 metros conforme as regiões. Terras costeiras onde grande parte da população mundial vive submergiriam.

Se houver uma fase de caos generalizado antecedente a um novo equilíbrio, não será impossível que, pelo final do século XXI, milhões de pessoas venham a desaparecer. Groenlândia, Suécia, Noruega e toda a Sibéria seriam regiões de grande fertilidade. Tudo isso poderá começar a ocorrer nos próximos trinta a quarenta anos.

Como vemos, ocupar-se do meio ambiente é preocupar-se com o futuro da Terra e da vida. Não podemos maltratar Gaia da forma como o estamos fazendo. Se continuarmos assim, ela poderá nos expulsar como se expulsa uma célula cancerígena.

Não basta apenas desenvolver tecnologias mais limpas. Devemos fazê-lo mas isso não é suficiente, assim como não basta tapar o sol com a peneira com a ilusão de assim impedir o efeito dos raios ultravioleta. Precisamos criar outro tipo de civilização que trabalhe junto com a Terra, que use racionalmente os recursos escassos, que salvaguarde a capacidade de regeneração dos ecossistemas, que recicle os dejetos e que dê lugar ao coração, ao *pathos*, ao sentimento para que nos sintamos de fato irmãos e irmãs da grande comunidade terrenal, vivendo de forma respeitosa e cuidadosa dentro dos limites impostos pela única Casa Comum.

b) Ecologia política e social: modo de vida sustentável

Os seres humanos e também as distintas sociedades são momentos do imenso processo evolutivo e devem ser incluídas no todo maior. Por si mesma, a natureza nunca iria construir artefatos tecnológicos. Mas o faz por meio do ser humano que é parte e parcela de sua realidade. Por isso, devem ser considerados no conceito de natureza criadora, pois seus materiais foram retirados das virtualidades da natureza. Ademais, são manifestações do único superorganismo vivo, de Gaia. Por isso não podemos ficar só com a ecologia ambiental. Devemos considerar também a ecologia social e política.

Esse tipo de ecologia analisa as formas como cada sociedade se relaciona com a natureza, como utiliza os recursos e serviços naturais, como é seu modo de produção e seus padrões de consumo, sob que formas os cidadãos participam ou não dos benefícios naturais e culturais, como trata os resíduos, que faz para dar descanso à Terra e como garante a regeração dos recursos escassos para assegurar o futuro para si e para as gerações que virão depois da nossa.

Constatamos, então, que há muitos tipos de sociedade, com suas instituições e normas legais que organizam de forma diferente os relacionamentos com a natureza. Em algumas, especialmente nos povos originários, os indígenas, vigora uma profunda comunhão com a natureza e um cuidado natural para com os ecossistemas. Disso resulta uma grande harmonia entre ser humano e meio ambiente. Há outras que quebram essa harmonia. Em geral, por onde passa, o ser humano deixa um rastro de irresponsabilidade e falta de cuidado.

Nós somos herdeiros de um tipo de sociedade, hoje globalizada, que já perdura por trezentos anos, e que se propôs algo inaudito na história: explorar a Terra e todos os seus recursos e serviços no solo, no subsolo, nos rios e nos oceanos de forma ilimitada. Faz isso para aumentar mais e mais a oferta de produtos para o consumo ou então para acumular riqueza de forma crescente e no tempo mais curto possível.

Notamos que a mesma lógica que leva a explorar as pessoas, as classes sociais, os países e os Continentes leva também a explorar a natureza. A própria Terra foi transformada numa banca de negócios. De tudo se faz mercadoria e oportunidade de ganho, até com realidades que têm sumo valor mas que não podem ter preço, como órgãos humanos, água potável, bem comum natural e vital, sementes e genes. Mesmo com religião e com a caridade se faz comércio e se ganha dinheiro

O conceito chave e mobilizador em todas as sociedades mundiais é o *desenvolvimento sustentável*, assentado no crescimento econômico e no desenvolvimento social. Ai dos países que não apresentam 3, 4, 5 até 10 e 12% – é o caso da China e da Índia – de crescimento anual. São mal vistos e quase ninguém quer investir neles, gerando crise social.

No imaginário dos fundadores desse tipo de sociedade, chamada de moderna, o crescimento e o desenvolvimento eram reféns da ideia do progresso sem fim e com a disponibilidade permanente de recursos. Como já consideramos, essa pressuposição foi ilusória e perversa porque levou a devastar o Planeta, sacrificando grande parte da Humanidade que vive na periferia dos centros hegemônicos, antigas potências colonialistas ou imperialistas. O mais grave é que esse tipo de sociedade produz dois tipos de injustiça: a injustiça social e a injustiça ecológica.

A *injustiça social* reside nisso: criam-se profundas desigualdades entre as pessoas, as classes e os países. Dezoito por cento da população mundial detêm 80% de toda riqueza da Terra. As três pessoas mais ricas do mundo possuem ativos superiores à toda riqueza de 48 países mais pobres onde vivem 600 milhões de pessoas. Duzentos e cinquenta e sete pessoas sozinhas acumulam mais riqueza do que 2,8 bilhões de pessoas, o que equivale a 45% da Humanidade.

O resultado é que 800 milhões passam fome e 2,5 bilhões vivem na pobreza. Quer dizer, sobrevivem apenas com dois dólares (um pouco mais de quatro reais por dia).

Por trás desses dados, há um oceano de sofrimento e humilhação, condenando as pessoas a morrerem antes do tempo, especialmente crianças. Dessas, 15 milhões morrem anualmente, antes de completarem 5 anos, por doenças facilmente tratáveis. É a perversa injustiça social e a total falta de equidade, quer dizer, falta da adequada distribuição dos benefícios e serviços da Terra e da produção humana entre os habitantes da Terra.

Há também a *injustiça ambiental*, quer dizer, o mau trato da natureza, das florestas, dos animais, das águas, do ar e dos solos. A espécie humana já ocupou 83% do planeta. Ocupou devastando. Transformou o jardim do Éden numa casa de tortura sob a qual sofrem e desaparecem centenas de espécies por ano.

A Terra já ultrapassou em 25% sua capacidade de recarga e de regeneração. Não iremos enfrentar uma grande crise. Já estamos dentro dela. Estudos da Universidade de Campinas (São Paulo) revelaram que bastou o aumento em um grau no clima no estado de São Paulo e no Sudeste de Minas Gerais para fazer com que as flores do café caíssem antes de formarem o grão. E a Embrapa (grande instituição de pesquisa ambiental) mostrou o mesmo em relação à soja, ao feijão e ao milho.

Essa é a grande injustiça ecológica contra Gaia e a natureza. Esse crescimento e desenvolvimento pretendidos é incompatível com a natureza e a Terra. Eles não são sustentáveis (Luiz da Silva, 2005 e 2006; Boff, 2006). Por isso a *Carta da Terra* apresenta uma alternativa que vem sob o lema: *modo sustentável de vida*.

Que tipo de sustentabilidade teria então a sociedade, os ecossistemas, as pessoas e o próprio crescimento econômico e desenvolvimento social?

Sustentável seria aquele crescimento econômico e desenvolvimento social que se fizessem de acordo com a comunidade de vida, que produzissem conforme a capacidade do bioma, que atendessem com equidade as demandas de nossa geração, sem sacrificar o capital natural, e que estivessem abertos às demandas das gerações futuras. Elas também têm direito de herdar uma Terra habitável e uma natureza preservada. Mas esse desenvolvimento sustentável é impossível mantendo o tipo de sociedade consumista, perdulária e desrespeitadora da Terra, da natureza e da vida como é a nossa.

Precisamos de uma nova imaginação criadora que projete mundos ainda não ensaiados mas possíveis, não com uma única fórmula ou solução mas com várias alternativas e soluções cabíveis. Para isso faz-se mister um pensamento poliédrico que valorize as várias dimensões da complexidade, que entenda os conhecimentos humanos como verdades aproximativas que se compõem e se complementam com outras, vindas de outras experiências e culturas (Novo, 2006, 152-240).

Importante em tempos de crise é cultivar conscientemente a resiliência (Poletti/Dobbs, 2007). O termo possui sua origem na metalurgia e na medicina. Em metalurgia resiliência é a qualidade dos metais recobrarem, sem deformação, seu estado original após sofrerem pesadas pressões. Em medicina, do ramo da osteologia, é a capacidade de os ossos crescerem corretamente após sofrerem grave fratura.

A partir desses campos, o conceito migrou para outras áreas como para a educação, a psicologia, a pedagogia, a ecologia, o gerenciamento de empresas, numa palavra para todos os fenômenos vivos que implicam flutuações, adaptações, crises e superação de fracassos ou de estresse (Novo, 2006, 253-256; 2002).

Resiliência comporta dois componentes: resistência face às adversidades, capacidade de manter-se inteiro quando submetido a grandes exigências e pressões e em seguida é a capacidade de dar a volta por cima, aprender com as derrotas e reconstituir-se, criativamente, ao transformar os aspectos negativos em novas oportunidades e em vantagens. Numa palavra, todos os sistemas complexos adaptativos, em qualquer nível, são sistemas resilientes. Assim o são cada pessoa humana e o inteiro sistema-Terra.

Os riscos advindos do aquecimento global, da escassez de água potável, do desaparecimento da biodiversidade e da crucificação da Terra devem ser considerados não somente como fracassos mas também como desafios para mudanças substanciais que enriquecerão nossa vida na única Casa Comum.

Os estudiosos da resiliência nos atestam que para sermos resilientes *positivamente* precisamos antes de tudo cultivar um vínculo afetivo, no caso, com a Terra: cuidá-la com compreensão, compaixão e amor; aliviar suas dores pelo uso racional e contido de seus recursos, renunciando a toda violência contra seus ecossistemas; os países opulentos deveriam praticar uma retirada sustentável no seu afã de consumo para que os países pobres possam ter um desenvolvimento sustentável e em harmonia com os ciclos da natureza. Importa alimentar otimismo, pois a vida passou por inúmeras devastações, sempre foi resiliente e cresceu em biodiversidade. Decisivo é projetarmos um horizonte de esperança que dê sentido às nossas alternativas que configurarão o novo que poderá salvar a todos.

Numa palavra, precisamos então de outro padrão civilizatório. Mais do que um crescimento e desenvolvimento sustentável, precisamos de uma Terra sustentável, de uma natureza sustentável, de vidas humanas sustentáveis e especialmente de uma sociedade ecologicamente sustentável. O que é uma sociedade sustentável?

Uma sociedade é sustentável quando se organiza e se comporta de tal forma que ela, através das gerações, consegue garantir a vida dos cidadãos e dos ecossistemas nos quais estão inseridos. Quanto mais uma sociedade está em harmonia com o ecossistema circundante e se funda sobre seus recursos renováveis e recicláveis, mais sustentabilidade ostenta. Isso não significa que não possa usar de recursos não renováveis. Mas ao fazê-lo, deve praticar grande racionalidade especialmente por amor à única Terra que temos e em solidariedade para com gerações futuras.

Uma sociedade só pode ser considerada sustentável se ela mesma, por seu trabalho e produção, se tornar mais e mais autônoma; se tiver superado níveis agudos de pobreza ou tiver condições de diminuí-la; se seus cidadãos puderem trabalhar decentemente; se a seguridade social for garantida para os aposentados, para aqueles que são demasiadamente jovens ou idosos ou doentes e, por isso, não podem ingressar no mercado de trabalho; se a igualdade social e política, também de gênero, for continuamente perseguida; se a desigualdade econômica for reduzida a níveis aceitáveis; por fim, uma sociedade é sustentável se seus cidadãos forem socialmente participativos e destarte puderem construir uma democracia socioambiental, aberta a contínuas melhorias.

Tal sociedade sustentável deve se colocar continuamente a questão: quanto de bem-estar pode oferecer ao maior número possível de pessoas com o capital natural e cultural de que dispõe? O ideal é aquele proposto pela *Carta da Terra*: *desenvolver um modo sustentável de vida* em todos os lugares e nas mais diferentes culturas.

Esses são os desafios que uma ecologia social e política deve encarar e ajudar a responder.

c) Ecologia mental: novas mentes e novos corações

Tão importante quanto a ecologia ambiental, social e política é a ecologia mental (Gribbin, 2004; Fox, 1991; Mc Daniel, 1995). Ela se ocupa da mente e do que ocorre dentro dela. Também considera o tipo de imaginário existente, os valores e as visões de mundo que as sociedades projetaram. Muito de nossa agressividade para com o sistema-Terra, o mau uso dos recursos naturais e o descuido com os resíduos têm sua origem nos conceitos e preconceitos incrustados na mente humana e consagrados no imaginário social e que são de difícil desmontagem.

Dentre as várias vertentes da ecologia, talvez a ecologia mental seja a mais difícil de ser realizada porque as estruturas mentais e o nosso modo convencional de ver as coisas perduram por gerações, dificultando enormemente as mudanças necessárias. É conhecida a frase de Einstein: *é mais fácil desintegrar um átomo do que desmontar um preconceito*. E devemos fazer tais mudanças. Caso contrário não introduziremos nunca as mudanças corretas.

Verificamos duas características principais de nosso tempo. A primeira é a crescente consciência de que podemos estar rumando para a destruição da Terra e para o desaparecimento da espécie humana. E a segunda é o surgimento de um vigoroso despertar de um relacionamento benevolente para com a Terra, para com os ecossistemas e para com os demais seres humanos, como forma de salvar nossa Casa Comum e de garantir a nossa sobrevivência.

Para isso se exige, segundo a *Carta da Terra*, uma mudança na mente e no coração (Conclusão), no sentido de um novo sentimento de interdependência global e de responsabilidade universal. Ao mudarmos nossa mente e nosso coração, estamos criando as bases para a construção de uma sociedade humana na qual o uso racional dos recursos, o cuidado com os resíduos e a preservação do meio ambiente estejam em sintonia fina e num equilíbrio saudável com a consciência coletiva da população.

Para operarmos a mudança da mente e do coração, devemos, em primeiro lugar, limpar o caminho dos obstáculos e, em seguida, colocar novas placas de sinalização.

O *primeiro* obstáculo é a inconsciência e a ignorância acerca dos estragos que estamos fazendo à natureza e à Mãe Terra. Na nossa arrogância não queremos saber das ameaças que pesam sobre o sistema da vida. Imaginamos a Terra e o meio ambiente como coisa exterior a nós. Na nossa visão reducionista, participada pela ciência moderna, não percebemos o Todo, apenas as partes. Vemos os vários seres mas sem seu habitat e sem as interdependências que todos eles têm entre si.

O *segundo* obstáculo é nosso arraigado antropocentrismo. Imaginamos que o ser humano é o centro de tudo, o rei e a rainha do universo. Pior ainda, supomos que as coisas só tem sentido na medida em que se ordenam ao ser humano que pode dispor delas de qualquer maneira. Não nos damos conta de que nós somente entramos no cenário da evolução da Terra quando 99,98% de tudo já estava pronto. Somos um elo da corrente da vida junto com outros elos.

Mas importa enfatizar: temos algo de específico. Somos chamados a ser os guardiães dos demais seres, os cultivadores do jardim do Éden. Portanto, temos uma missão ética de preservação e de cuidado. É urgente incorporar na nossa mente e em nosso coração o que nos ensina a *Carta da Terra:* "Reconhecer que todos os seres são interligados e cada forma de vida tem valor, independentemente de sua utilidade para os seres humanos" (artigo 1a). Em vez de antropocêntricos devemos ser cosmocêntricos e biocêntricos, quer dizer, colocar o cosmos e a vida no centro de tudo.

O *terceiro* obstáculo é o nosso racionalismo e a falta de sensibilidade, de coração e de compaixão. Confiamos tudo na razão e na técnica como se somente por meio delas pudéssemos aceder à realidade e resolver todos os problemas. Ocorre que a tecnociência, que criou o antibiótico e nos levou até à Lua, criou também as armas de destruição em massa e a máquina de morte, capaz de exterminar a espécie humana e ferir gravemente a biosfera. A ciência tem que ser feita com consciência e incorporar em sua tarefa a inteligência emocional, ética e espiritual. A tecnociência é um instrumento ambíguo, mas as ações dos técnicos e dos cientistas devem ser conscientes e carregadas de responsabilidade ética.

O *quarto* obstáculo é o nosso individualismo cultural. Somos educados erroneamente como se fôssemos sozinhos e sozinhos devêssemos conduzir a nossa vida e satisfazer as nossas necessidades. Há uma compreensão da autonomia moderna que é reducionista porque se apresenta individualista. Ela esquece o fato de que somos todos interdependentes e formamos um nó de relações em todas as direções. Somos essencialmente seres sociais e relacionais e juntos construímos as condições necessárias para nossa vida.

O *quinto* obstáculo é formado pela competição e pela concorrência. A lei básica da economia e do mercado é constituída de concorrência e da competição. Só o mais forte triunfa. Os fracos são absorvidos ou devem desaparecer. Essa lógica cria vítimas em todas as partes e faz com que haja perversa desigualdade social: grande riqueza de um lado e imensa pobreza do outro. É uma lógica que vai contra a natureza segundo a qual todos os seres convivem e cooperam para a sobrevivência de todos. A substituição da política pela economia capitalista representa a grande transformação ocorrida nos últimos decênios (Polanyi, 1977/1944). Tudo foi transformado em oportunidade de ganho e lucro.

O *sexto* e *último* obstáculo é o consumismo. Consumimos por consumir, muito além de nossas necessidades e da capacidade de reposição da Terra. Se há 800 milhões de famintos, há por outro lado 1,2 bilhões de obesos. Desperdiçamos recursos que farão falta às gerações futuras.

A atual situação doentia da Terra revela a doença de nossa mente. A Terra está doente porque nós estamos doentes. E nós estamos doentes porque a Terra está doente. Formamos uma mesma e grande entidade e participamos do mesmo destino sadio ou doentio. O que poderá nos curar a ambos?

Vejamos algumas marcas orientadoras da estrada. Advertimos que não basta tomar medidas meramente paliativas, como, por exemplo diminuir em alguns graus a poluição, economizar recursos escassos porém continuando com o consumismo perdulário. Gaia é Mãe generosa, mas pode ser cruel para com aqueles que destroem seu equilíbrio. Ela pode puni-los com o desaparecimento. Depende de nosso comportamento evitarmos nossa condenação à morte.

Em *primeiro* lugar importa desenvolvermos *sensibilidade* para com a natureza e todos os seus seres. Devemos tomar consciência do fato científico de que todos os seres vivos formam a comunidade de vida. Todos, desde a bactéria mais simples até o ser humano possuem os mesmos 20 aminoácidos e as 4 bases fosfatadas. Somos pois todos parentes, primos e irmãos. E assim devemos tratar-nos. No entanto, tratamos as vacas como máquinas para produzir leite e o gado como máquinas fornecedoras de carne, sem nos dar conta do sofrimento a que os submetemos.

Em *segundo* lugar, precisamos seguir o que nos pede a *Carta da Terra*: "Devemos cuidar da comunidade de vida com compreensão, com compaixão e amor" (artigo 2). O cuidado é essencial à vida. Sem cuidado, especialmente no início e no fim da vida, esta enfraquece e morre. Tudo o que cuidamos amamos, e o que amamos também cuidamos. O cuidado faz as coisas durarem muito mais e propicia paz e segurança.

Em *terceiro* lugar precisamos assumir nossa *responsabilidade universal*. Ser responsável é nos dar conta das consequências dos atos praticados. Há atos que podem destruir grande parte do ecossistema. O princípio, como já o enunciamos anteriormente é: *aja de forma tão responsável que tua ação seja boa para a manutenção e desenvolvimento da vida*.

Em *quarto* lugar devemos dar primazia à *cooperação* e à *solidariedade* sobre a competição e a concorrência (Abdalla, 2002). A cooperação é a lei suprema do universo e da evolução humana. Foi a cooperação que nos permitiu dar o salto da animalidade para a Humanidade. Com isso nos fizemos seres sociais e seres que se caracterizam pela fala com a qual organizamos nossa relação com as coisas, ordenando-as, e com as pessoas, entrando em comunicação e em comunhão com elas.

Em *quinto* lugar precisamos melhorar nossa mente com o cultivo da *espiritualidade*. Esta não se identifica com as religiões, embora lhes seja subjacente, mas pertence à dimensão profunda do ser humano (Boff, 2003). Sempre que ele se pergunta de onde veio, para onde vai e o que pode esperar, sempre quando detecta que por trás de todas as coisas há uma Energia misteriosa que une e reúne tudo numa grande harmonia e que dá sentido à vida até para além da morte, sempre que o ser humano vive essa dimensão, está alimentando sua espiritualidade. Ela se expressa pelo amor, pelo cuidado, pela compaixão, pela aceitação do outro, pela resiliência e pela esperança.

Viver todos estes valores que estão em nossa mente nos ajuda a ter respeito e veneração diante da grandeza do universo, e cuidado por cada ser, especialmente, os seres vivos.

d) Ecologia integral: pertencemos ao universo

A ecologia integral procura ir além da ecologia ambiental, sociopolítica e mental. Ela se dá conta de que a Terra, nossa Mãe, não é tudo. Ela está inserida e é parte de um grandioso processo evolutivo que começou 13,7 bilhões de anos atrás quando ocorreu aquela incomensurável e explosão chamada de *Big Bang*. Por um momento, estávamos todos juntos lá naquele pontozinho ínfimo em tamanho, mas cheio de energia e interações.

Com a explosão, começou o processo de expansão/evolução/criação como já descrevemos anteriormente. Todos os seres do universo são feitos com os mesmos tijolinhos, forjados nas estrelas ancestrais que desapareceram, com os quais nós também somos construídos. Constituímos, pois, uma imensa comunidade cósmica.

A consciência, a inteligência e o amor, características do ser humano, pertencem à nossa galáxia — à Via-Láctea — ao sistema solar e ao Planeta Terra. Para que essas características tivessem surgido, foi preciso uma calibragem refinadíssima de todos os elementos, especialmente das chamadas constantes da natureza, como a velocidade da luz, as quatro energias fundamentais — a gravitacional, a eletromagnética, as nucleares fraca e forte — e outras. Se assim não fosse, não estaríamos aqui para falar sobre isso tudo.

O universo sabiamente articulou de forma equilibradíssima todos os elementos e se organizou de tal maneira que propiciou o aparecimento do mundo assim como é. Parecia que ele adivinhava que lá na frente iria surgir a vida, e a vida consciente e inteligente do ser humano.

A ecologia integral procura entender a Terra, as energias cósmicas que nos alimentam e sustentam dentro do imenso processo de evolução que ainda está em curso.

As quatro forças que sustentam tudo — a gravitacional, a eletromagnética e as nucleares fraca e forte — constituem os princípios diretores do universo e de todos os seres, também dos seres humanos. A galáxia mais distante se encontra sob a ação dessas quatro energias primordiais, bem como a formiga que caminha sobre minha mesa e os neurônios do meu cérebro com os quais faço estas reflexões. Tudo se mantém ligado e religado num equilíbrio dinâmico e aberto.

A ecologia integral procura acostumar o ser humano com essa visão global e holística. O holismo significa a captação da totalidade orgânica, una e diversa em suas partes, mas sempre articuladas entre si dentro da totalidade e constituindo essa totalidade. Na parte está o Todo, e o Todo se compõe da articulação de todas as partes.

Isso foi bem expresso pelo poeta brasileiro Gregório de Matos: "O todo sem a parte não é todo; a parte sem o todo não é parte; mas se a parte o faz todo, sendo parte, não se diga que é parte sendo o todo" (Grünewald, 1987, 63).

Essa cosmovisão desperta no ser humano a consciência de sua função e missão dentro desse imenso processo. Ele é um ser capaz de captar todas essas dimensões, alegrar-se com elas, louvar e agradecer àquela Inteligência que tudo ordena e àquele Amor que tudo move, sentir-se um ser ético, responsável pela parte do universo que lhe cabe habitar e cuidar, a Terra, nossa Casa Comum.

Ela, a Terra, já o sabemos, é um superorganismo vivo, com calibragens refinadíssimas de elementos físico-químicos, biológicos, humanos e auto-organizacionais que somente um ser vivo pode ter. Nós, seres humanos somos corresponsáveis pelo destino de nosso planeta, da biosfera, do equilíbrio social e planetário que torna possível a continuidade da vida.

Essa visão exige uma nova civilização na qual os seres humanos naturalmente se sentem partes do Todo e cuidam com zelo desta pequena porção do Todo que é a Terra.

As religiões são as escolas naturais que deveriam educar o ser humano neste novo olhar. Elas falam do Criador e do Provedor de todos os seres. O Cristianismo, por exemplo, afirma que Deus está em tudo e tudo está em Deus. É o famoso *panenteísmo* (Boff, 2005, 234-237; Moltmann, 1933, 155-157*)*. Não devemos confundir panenteísmo com *panteísmo*. O panteísmo afirma que tudo é Deus, a pedra, a árvore, a estrela e o ser humano. Essa visão não é correta porque não respeita as diferenças, nem distingue criatura do Criador. O panenteísmo diz que Deus e a criatura são diferentes. Mas estão sempre dentro um do outro, se interrelacionando, sem qualquer distância.

A mesma fé cristã afirma a encarnação do Filho de Deus. Com isso está dizendo que Ele assumiu o ser humano inteiro e de certa maneira todo o universo, do qual ele é parte. Por isso se fala do Cristo cósmico e não apenas daquele camponês e artesão mediterrâneo, vindo na Palestina, pregando uma grande esperança, mas limitado no espaço e no tempo.

A manifestação do Espírito Santo se revela como energia universal que faz da criação seu templo e seu lugar privilegiado de ação. Um dito da Igreja antiga dizia: "O Espírito dorme na pedra, sonha na flor, acorda no animal e sabe que está acordado no ser humano." Portanto, o Espírito enche todo o universo e o empurra para um desfecho feliz.

O universo, já o dissemos anteriormente, é uma intrincadíssima teia de relações, onde tudo tem a ver com tudo. Essa imagem nos sugere a verdade central do Cristianismo, que diz: Deus é um jogo de relações de inclusão e de amor entre as três divinas Pessoas, Pai, Filho e Espírito Santo. O universo é relacional porque foi criado à imagem e semelhança de Deus-relação. A Trindade deixa de representar um enigma matemático para nos fazer entender o mistério último que sustenta e pervade todo o universo que é relação, comunhão e amor. O número três funciona como símbolo e arquétipo para representar esta inter-retro-relação de todas as Pessoas entre si. Aqui está a força maior que, segundo o poeta Dante Alighieri, move o céu, todas as estrelas e também nosso coração

A partir dessa visão verdadeiramente integral, compreendemos melhor o ambiente e a forma de tratá-lo com respeito, objeto da *ecologia ambiental*. Apreendemos as dimensões da *ecologia sociopolítica*, responsável pela sustentabilidade da Terra e dos ecossistemas dos quais dependem nossa sobrevivência pessoal e coletiva. Damo-nos conta da urgência da *ecologia mental* que nos ajuda a superar o inveterado antropocentrismo em favor de um cosmocentrismo e biocentrismo. Por fim, pela *ecologia integral* captamos a importância de integrar a Terra e o ser humano com o Todo, de descobrir as conexões que ligam e religam todos os seres, a matéria e a vida, o espírito e o mundo, Deus e o universo.

Somente no vai e vem dessas relações, e não fora delas, nos sentiremos seres cósmicos e interiormente serenados porque estaremos em comunhão com tudo. Selaremos finalmente uma paz duradoura com a Mãe Terra, e não apenas lhe daremos uma trégua dentro de uma guerra sem fim.

Não cabe opormos as várias vertentes da ecologia, mas discernirmos como se complementam e em que medida nos ajudam a assumirmos nossa missão de cuidadores do jardim do Éden, produtores de padrões de comportamentos que tenham como consequência o cuidado, a preservação e a potenciação do patrimônio formado ao longo de 13,7 bilhões de anos.

Custosamente esse patrimônio chegou até nós e é nosso dever passá-lo adiante, preservado e enriquecido, dentro de um espírito cooperativo com a natureza e afinado com a grande sinfonia universal.

3. Pode a nanotecnologia nos salvar?

Diante da magnitude dos riscos a que a biosfera está submetida, faz-se necessário um outro tipo de tecnologia que contenha em si possibilidades novas de regeneração do Planeta. Essa pode ser, com todas as reticências que devemos suscitar, a função da nanotecnologia. Trata-se de uma tecnologia que produz elementos e coisas não presentes na natureza a partir de algo menor como átomos e células que são colocados em lugares desejados (Schnalberg, 2006, 79-86; Martins, 2006).

Um nanômetro é um bilionésimo de metro. A *Wikipédia* da internet nos informa que *para se perceber o que isto significa, imagine uma praia com 1.000 km de extensão e um grão de areia de 1 mm; este grão está para esta praia como um nanômetro está para o metro*. Trata-se, pois, de uma tecnologia do ínfimo, tão revolucionária que poderá tornar, em breve, a maioria das tecnologias obsoletas, especialmente aquelas aplicadas à agricultura, à indústria farmacêutica, à informática, à microeletrônica e aos computadores. Ela pode ser usada também para fazer frente ao clamor ecológico.

Já existem atualmente cerca de 720 produtos em nanoescala, desde camisas e calças feitas com fibras à prova de amassamento e de manchas (compráveis em shoppings modernos), protetores solares, alimentos, até nanotubos de carbono substituindo o cobre e sendo dez vezes mais eficientes na condução da eletricidade.

Na nanotecnologia convergem a física, a química e a biologia, produzindo organismos ou partículas invisíveis com altíssima mobilidade. Por obedecerem as leis da física quântica, são imprevisíveis. Especialmente a nanobiotecnologia começa a conhecer avanços insuspeitados. Criam-se, por exemplo, nanodispositivos que circulam no sangue e que podem detectar doenças ou fazer reparos em órgãos afetados. Todo o conteúdo da Biblioteca Nacional do Rio de Janeiro (a quinta maior do mundo) com seus milhões de livros pode caber num nanoaparelho do tamanho de um caramelo de doce de leite.

Há grandes incertezas e riscos associados a este tipo de tecnologia. Nanossensores, que hoje controlam todo o processo da chamada "agricultura inteligente", podem ser usados para controlar populações e pessoas. Seria a entronização "do pequeno Irmão" que realizaria as funções do "grande Irmão" de A. Huxley. Como são aparelhos invisíveis e microscópicos, não há como defender-se deles. Por isso a urgência de se observar o princípio de precaução e de se exigir do poder público códigos regulatórios.

Se para todos os problemas sempre há uma solução adequada, quem sabe, pelo caminho da nanotecnologia, não poderemos responder às três grandes questões que nos afligem: a escassez de recursos naturais, as mudanças climáticas e o aquecimento global. Com ela poder-se-iam produzir alimentos em abundância, recuperar os solos e a natureza. Nanopartículas poderiam ser postas nas superfícies do oceano ou na estratosfera para resfriar a Terra e equilibrar os climas.

No mar entre a Nova Zelândia e a Antártica foram espalhadas partículas de vinte nanômetros de ferro com o objetivo de produzir plâncton que, por sua vez, sequestraria o dióxido de carbono, reduzindo assim a temperatura. O efeito foi tão surpreendente e aterrador que um dos cientistas disse: "Se houvesse meio petroleiro de nanopartículas poderia ocorrer uma nova era glacial no Planeta."

Essas reflexões possuem caráter meramente inicial e fragmentário. Mas podem nos abrir possibilidades novas que atendam à situação caótica em que se encontra atualmente a Terra, favorecendo um equilíbrio propício à vida e ao futuro da Humanidade.

4. A ética ecológica: cuidado e responsabilidade pelo Planeta

A ética da sociedade dominante hoje é utilitarista e antropocêntrica. Considera que o conjunto dos seres está a serviço do ser humano, que pode dispor deles como quiser, atendendo a seus desejos e preferências. Acredita que o ser humano é a coroa do processo evolutivo e o centro do universo, o que notoriamente representa uma arrogância, além de uma ilusão. Somos um elo da cadeia dos seres, embora com a singularidade de sermos seres éticos.

Ético seria, então, desenvolver um sentido do limite dos desejos humanos porquanto estes levam facilmente a procurar vantagens individuais e grupais à custa da exploração de classes, da subjugação de povos e da opressão de sexos (Boff, 2003, 67-69). O ser humano é também, e principalmente, um ser de cooperação, de cuidado, de comunicação e de responsabilidade.

Então, ético seria também potenciar a solidariedade geracional no sentido de respeitar o futuro daqueles que ainda não nasceram. Ético seria reconhecer o caráter de autonomia relativa dos seres e, por isso, respeitá-los como valores em si mesmos; eles também têm direito de continuar a existir e a coexistir conosco e com outros seres, já que existiram antes de nós e por milhões de anos sem nós. Numa palavra, eles têm direito ao presente e ao futuro. Nossa missão é cuidar deles para que possam coevoluir e não sucumbam simplesmente à seleção das espécies pela imposição do mais forte (Boff, 2001; Auer, 1985; Jonas, 1984).

É urgente que tudo isso seja feito e implementado. Mas importa sermos realistas e reconhecer um limite: se por trás da ética não existe uma nova espiritualidade, quer dizer, uma novo acordo do ser humano para com todos os demais seres, fundando uma nova religação (donde vem religião), se não houver um novo sentido de viver em harmonia com a comunidade de vida e com o universo, há o risco de que essa ética degenere em legalismo, moralismo e hábitos de comportamento de contenção e não de realização jovial da existência em relação cuidadosa, reverente e terna para com todos os demais seres (Regidor, 1990, 61-75)

BIBLIOGRAFIA

Abdalla, M., (2002). *O princípio da cooperação*. Em busca de uma nova racionalidade. São Paulo: Paulus.
Alonso, J., (1989). *Introducción al princípio andrópico*. Madrid: Encuentro Ediciones.
Attali, J., (2006). *Une breve histoire de l'avenir*. Paris: Fayard.
Auer, A., (1985). *Umwelt Ethik*. Patmos: Düsseldorf.
Boff, L., (1986). *SS. Trindade, Sociedade e Libertação*. Petrópolis: Vozes.
____ (1999). *O despertar da águia*. O sim-bólico e o dia-bólico na construção da realidade. Petrópolis: Vozes.
____ (2001). *Ethos mundial*. Um consenso mínimo entre os humanos. Rio de Janeiro: Sextante.
____ (2003). *Espiritualidade: caminho de realização*. Rio de Janeiro: Sextante
____ (2005). *Ecologia: grito da Terra, grito dos pobres*. Rio de Janeiro: Sextante.
____ (2006). *Ética e sustentatibilidade*. Ministério do Meio Ambiente, Brasília: Agenda 21.
Bohr, N., (1931). *Atomtheorie und Naturbeschreibung*: Berlin.
Capra, F., (1987). *O ponto de mutação*. São Paulo: Cultrix.
Cummings, C., (1991). *Eco-spirituality*. Mahwah/NovaYork: Paulist Press.
Descartes, R., (1965). *Discours de la méthode*. vol. VI. Paris: Seuil.
Dupuy, J.-P.(edit.), (1983). *L'auto-organisation: de la physique au politique*. Paris: Seuil.
Concilium, revista internacional (1995), n.5: *Ecologia e pobreza*. Petrópolis: Vozes.
Fogelman-Soulié, F., (edit.), (1991). *Théories de la complexité*. Paris: Seuil.
Fox, M., (1991). *Creation Spirituality*. San Francisco: Harper San Francisco.
Freitas Mourão, R. R., (1992). *Ecologia cósmica*. Uma visão cósmica da ecologia, Rio de Janeiro: Francisco Alves.
Grünewald, J. L., (1987). *Grandes sonetos de nossa língua*. Rio de Janeiro: Nova Fronteira: "Achando-se um braço perdido do Menino Deus de N. S. das Maravilhas, que desacataram infiéis na Sé da Bahia."

Gadotti, M., (2009). *Educar para a sustentabilidade*: Ed, L: São Paulo.
Gribbin, J., (2004). *Deep Simpli*city. Londres: Penguin Books.
Jonas, H., (1984). *Das Prinzip Verantwortung*. Frankfurt: Suhrkamp.
Koyré A., (1973). *Études d'histoire de la pensée scientifique*. Paris: Gallimard.
Kuhn, T., (1970). *Estrutura das revoluções científicas*. Edição inglesa. Chicago: University Chicago Press.
Lutzenberger, J., (1979). *Conceito de ecologia*, em Revista Vozes, jan.-fev.
Martins, P.R (org.), (2006). *Nanotecnologia, sociedade e meio ambiente*. São Paulo: Xamã.
Mc Daniel, J. B., (1995). *With Roots and Wings. Christianity in an Age of Ecology and Dialogue*. Maryknoll: Orbis Books.
Merchant, C., (1991). *La morte della natura. Le donne, l'ecologia e la rivoluzione scientifica*. Milão: Garzanti.
Moltmann, J., (1993). *Doutrina ecológica da criação*. Petrópolis: Vozes.
Moraes, M.C., (2004). *Pensamento ecossistêmico*. Petrópolis: Vozes.
Morin, E., La Méthode 2, (1980). *La vie de la vie*. Paris: Seuil.
____ *Science avec Conscience*, (1990). Paris: Fayard.
____ (org), (2001). *A re-ligação dos saberes*. Rio de Janeiro: Bertrand.
____ (1990). "Complejidad restringida y complejidad generalizada o las complejidads de la complejidad", em *Utopia y Praxis Latinoamericana* n. 38 (júlio-septiembre), 2007, 107-119.
Motomura, O., (2002). "Desarrollo sustentable: princípios éticos para "hacer que las cosas pasen", em Leff, E., (coord.). *Ética, vida, sustentabilidad*. México: PNUMA.
Novo, M., (2006). *El desarollo sostenible, su dimensión ambiental e educativa*. Madrid: Pearson/Prentice Hall.
____ et al., (2002). *El enfoque sistémico: su dimensión educativa*. Madrid: Universitas.
Pannenberg, W., (1993). *Toward a Theology of Nature*. "Essays on Science and Faith". Nova York: John Knox Press.
Peacoke, A. R., (1979). *Creation in the World of Science*. Oxford: Oxford Univ. Press.
Pelizzoli, M.L., (1999). *A emergência do paradigma ecológico*. Petrópolis: Vozes.
Picht, G., (1980). "Die Zeit und die Modalitäten", em *Hier und Jetzt*, Stuttgart.
Polanyi, K., (1977/1944). *La gran transformación*. Madrid: Ediciones de la Piqueta.
Poletti, R. E Dobbs, B., (2007). *Resiliência. A arte de dar a volta por cima*. Petrópolis: Vozes.

Primavesi, A., (1991). *From Apocalypse to Genesis: Ecology, Feminism & Christianity*. Tunbridge Wells: Burns & Oates.

Prigogine, Y., (1986). *La nouvelle alliance*. La métamorphose de la science. Paris: Gallimard.

____ (1992), *Entre o tempo e a eternidade*. São Paulo: Companhia das Letras.

Regidor, J.R., (1990). *Ética ecológica*, em Metáfora Verde. Roma, n. 1.

Sarkar, S., (2001). *Die nachhaltige Gesellschaft*. Berlim: Rotpunktverlag.

Schnalberg, A., (2006). Contradições nos futuros impactos socioambientais oriundos da nanotecnologia, em Martins, P.R (org), (2006). *Nanotecnologia, sociedade e meio ambiente*. São Paulo: Xamã, 79-86

Sousa, W., (1993). *O novo paradigma*. São Paulo: Cultrix.

Silva, C. L. e Mendes (org.), (2005) *Reflexões sobre desenvolvimento sustentável*. Petrópolis: Vozes.

Silva, C.L., (2006). *Desenvolvimento sustentável*. Petrópolis: Vozes.

von Weizsächer, F., (1964). *Die Tragweite der Wissenschaft*. Stuttgart: Schopfung und Weltenstehung.

Watson, J.D., (2005). *DNA o segredo da vida*. São Paulo: Companhia das Letras.

Wilson, E. O., (1994). *A diversidade da vida*. São Paulo: Companhia das Letras.

____ (2002). *O futuro da vida*. Rio de Janeiro: Campus.

____ (2008). *A criação*. Como salvar a vida na Terra. São Paulo: Companhia das Letras.

Capítulo VI

RUMO A UM NOVO PARADIGMA DE CIVILIZAÇÃO

As reflexões que traçamos até aqui culminaram com a exigência de um novo modo de viver, de produzir, de distribuir os bens e de consumir, numa palavra, numa nova relação para com a natureza e a Terra. A isso chamamos um novo paradigma civilizacional, como analisaremos melhor abaixo. A crise econômico-financeira de 2008 tornou mais urgente a discussão acerca da necessidade de um outro paradigma, com maior capacidade de resolução dos problemas criados pela prática cultural dos seres humanos nos últimos séculos.

1. Superação do paradigma vigente

Na atitude de estar por *sobre* as coisas parece residir o mecanismo fundamental de nossa atual crise civilizacional. O objetivo básico foi bem formulado pelos pais fundadores de nosso paradigma moderno, Galileu Galilei, René Descartes, Francis Bacon, Isaac Newton e outros. Descartes ensinava que nossa intervenção na natureza é para fazer-nos *"mestres e donos da natureza"* (1965,

60). Francis Bacon dizia que devemos tratar a natureza como o inquisidor trata o inquirido: "Colocá-la na cama de Procusto, pressioná-la para nos entregar todos os seus segredos, amarrá-la a nosso serviço e fazê-la nossa escrava" (Moltmann, 1993, 51).

Com isso, se criou o mito do ser humano violento, herói desbravador, Prometeu indomável, com o faraonismo de suas obras. Numa palavra: o ser humano está *sobre* as coisas para fazer delas condições e instrumentos da felicidade e do progresso humano. Ele não se entende *junto com* elas, numa pertença mútua, como membros de um todo maior e da comunidade de vida.

Qual a suprema ironia atual? A vontade de tudo dominar está nos fazendo dominados e assujeitados aos imperativos de uma Terra degradada. A utopia de melhorar a condição humana piorou a qualidade de vida para a maioria da humanidade. O sonho de crescimento ilimitado produziu o subdesenvolvimento de dois terços da humanidade, a volúpia de utilização ótima dos recursos da Terra levou à exaustão dos sistemas vitais e à desintegração do equilíbrio ambiental. Tanto no socialismo quanto no capitalismo se corroeu a base da riqueza que é sempre a Terra com seus recursos e o trabalho humano.

Hoje, a Terra se encontra em fase avançada de exaustão. O trabalho e a criatividade, por causa da revolução tecnológica, da informatização e da robotização, são dispensados e os trabalhadores excluídos até do exército de reserva do trabalho explorado. Ambos, Terra e trabalhador, estão feridos e sangram perigosamente.

Houve, pois, algo de reducionista e de profundamente equivocado nesse processo que somente hoje temos condições de perceber e questionar em sua devida gravidade.

A questão que se coloca então é esta: é possível manter a lógica de acumulação, de crescimento ilimitado e linear e ao mesmo tempo evitar a quebra dos sistemas ecológicos, a frustração de seu futuro pelo desaparecimento das espécies, a depredação dos recursos naturais, sobre os quais as futuras gerações também têm direito? Não há um antagonismo entre nosso paradigma hegemônico de existência e a preservação da integridade das comunidades terrestre e cósmica? Podemos responsavelmente levar avante esta aventura como foi conduzida até hoje?

Com a consciência que hoje temos dessas questões não seria sumamente irresponsável, e por isso antiético, continuar na mesma direção? Não urge mudar de rumo?

Há os que pensam no poder messiânico da ciência e da técnica. Elas podem prejudicar, diz-se, mas também resgatar e libertar. Mas face a isso devemos ponderar: o ser humano se recusa a ser substituído pela máquina, mesmo quando se vê beneficiado por um processo que lhe atende as necessidades fundamentais. Ele não possui apenas necessidades fundamentais que devem ser atendidas. Ele é dotado de capacidades que quer exercitar e mostrar criativamente. Ele é um ser de participação e de criação. Ele não quer apenas receber o pão, mas também ajudar a produzi-lo de forma que surja como sujeito de sua história. Ele tem fome de pão mas também de participação e de beleza, não garantidos apenas pelos recursos da tecnociência.

Há os que dizem: a mudança de rota é melhor para nós, para o ambiente, para o conjunto das relações ecológicas e do ser humano, para o destino comum de todos e para a garantia de vida para as gerações futuras. Só que para isso devem ser feitas profundas correções e também transformações culturais, sociais, espirituais e religiosas. É a proposta da *Carta da Terra* à qual aderimos. Nossas reflexões querem reforçar esse caminho.

Em outros termos: a opção pela terra nos obriga a entrar num processo de mudança de paradigma. Essa mudança precisa ter o caráter da complexidade e, por isso, ser dialética, vale dizer, assumir tudo o que é assimilável e benéfico do paradigma da modernidade e inseri-lo dentro de outro diferente, mais globalizante e integrador.

Vamos esclarecer o que é um paradigma e suas características.

2. O paradigma e suas características

Thomas Kuhn, filósofo norte-americana da ciência, em seu conhecido livro *Estrutura das revoluções científicas* (1970, 175, 182, 187) confere dois sentidos à palavra paradigma. O primeiro, mais amplo, tem a ver com "toda uma constelação de opiniões, valores e métodos participados pelos membros de uma determinada sociedade, fundando um sistema disciplinado mediante o qual esta sociedade se orienta a si mesma e organiza o conjunto de suas relações".

O segundo, mais estrito, se deriva do primeiro e significa "os exemplos de referência, as soluções concretas de problemas, tidas e havidas como exemplares e que substituem as regras explícitas na solução dos demais problemas da ciência normal".

Como transparece, é útil assumirmos o primeiro sentido: paradigma como uma maneira organizada, sistemática e corrente de nos relacionarmos conosco e com todo o resto à nossa volta. Trata-se de modelos e padrões de apreciação, de explicação e de ação sobre a realidade circundante. O paradigma estabelece as relações lógicas entre todas estas instâncias, pois elas, por mais díspares que sejam, estão todas interconectadas.

E aqui cumpre contextualizar, epistemologicamente, o nosso modo de aceder à realidade natural e social (Pelizzoli, 1999; Moraes, 2004). Cada cultura organiza o seu modo de valorar, de interpretar e de intervir na natureza, no habitat e na história. O nosso modo, embora hoje mundialmente hegemônico, é apenas um entre outros. Por isso cabe, a princípio, renunciar a qualquer pretensão monopolística acerca da autocompreensão que elaboramos e do uso da razão que fizemos e estamos fazendo. Com isso enfatiza-se o fato de que a ciência e a técnica são práticas culturais como outras e por isso limitadas a uma determinada cultura com os interesses que a envolvem. Elas são sempre limitadas, coisa que a comunidade científica há tempos aceita.

Muitos atualmente afirmam — refiro-me especialmente a dois cientistas e sábios contemporâneos, Alexander Koyré (1973) e Ilya Prigogine (1986) — que o diálogo experimental define hoje nossa relação para com a natureza e o universo. Esse diálogo envolve duas dimensões constitutivas: *compreender* e *modificar*. Desta prática nasceu a ciência moderna como um estar *sobre* a natureza para compreendê-la e a técnica como operação para *modificá-la*.

Nossa ciência moderna começou por negar a legitimidade de outras formas de diálogo com a natureza como o senso comum, o saber ancestral dos povos originários, a magia e a alquimia. Chegou até a negar a própria natureza ao desconhecer-lhe a complexidade por supor que ela seria uma mera máquina, regida por um pequeno número de leis simples e imutáveis (Newton e também Einstein).

Mas o próprio diálogo experimental levou a crises e evoluções. O contato com a natureza deu origem a indagações e novas questões; levou-nos a perguntar quem nós somos e a que título interferimos nos ritmos da natureza e como participamos da evolução global do cosmos. Especialmente a moderna biologia, molecular e genética trouxe uma contribuição incomensurável, demonstrando a universalidade do código genético; todos os seres vivos, da ameba mais primitiva aos primatas, passando pelos dinossauros, e chegando ao *homo sapiens/demens* de hoje, usam a mesma linguagem genética, formada fundamentalmente por quatro sílabas básicas, o A (adenina), o C (citosina), o G (guanina) e o T (timina) e os vinte aminoácidos para se produzir e reproduzir. Por isso somos todos aparentados e elos da mesma e sagrada corrente da vida (Watson 2005).

Francisco de Assis, no século XIII, com sua mística cósmica, intuíra esse laço de profunda irmandadade entre todos os seres, chamando-os com o doce nome de irmãos e irmãs, e tratando-os com o amor e o respeito que lhes é devido.

A nossa interação com o universo não se faz apenas pela via experimental da tecnociência. Faz-se também no diálogo e apropriação de outras formas de acesso à natureza. Todas as versões que as culturas deram de seu caminho para o mundo podem nos ajudar a conhecer mais e a preservar melhor a nós mesmos e ao nosso habitat. Surge assim o sentido de complementariedade e a renúncia do monopólio do modo moderno de decifrar o mundo que nos cerca. Ilya Prigogine chega a se perguntar: "Como distinguir o ser humano da ciência moderna de um mago ou de um bruxo, e mesmo daquilo que é mais longínquo da sociedade humana, a bactéria, já que ela também se interroga sobre o mundo e não cessa de pôr à prova a descodificação dos sinais químicos em função dos quais se orienta" (Prigogine, 31). Em outras palavras, todos nos encontramos num processo de diálogo e interação com o universo; todos produzimos informações e podemos aprender uns com os outros, da forma como os vírus se transmutam, como os plânctons se adaptam às mutações dos oceanos e como os humanos trabalham diferentemente os desafios dos mais variados ecossistemas. O pensamento da complexidade procura estar atento a todas essas conexões.

Nossa maneira de acesso ao real não é o único. Somos um momento de um imenso processo de interação universal que já se verifica entre energias mais primitivas, nos primeiros momentos após o *Big Bang*, até nos códigos mais sofisticados do cérebro humano.

3. A comunidade de vida

Hoje está emergindo um novo paradigma, isto é, uma nova forma de diálogo com a totalidade dos seres e de suas relações. Evidentemente continua o paradigma clássico das ciências com seus famosos dualismos, como a divisão do mundo entre material e espiritual, a separação entre a natureza e a cultura, entre ser humano e mundo, razão e emoção, feminino e masculino, Deus e mundo, numa palavra, impera ainda a atomização dos saberes científicos particularmente nas universidades e centros científicos. Predomina vastamente aquilo que Boaventura de Sousa Santos chama de as monoculturas dos saberes (monocultura do saber científico, do tempo linear, das hierarquias, do universal ou global, da eficiência capitalista, 2000).

Mas apesar disso, em razão da crise atual, está se desenvolvendo uma nova sensibilização para com o Planeta como um todo. Daqui surgem novas formas de pensar alternativamente: o pensamento complexo (Morin), a teoria do caos (Prigogine), o pensamento lateral (Novo, 2006, 44-46), novos valores, sonhos e comportamentos, assumidos por um número cada vez maior de pessoas e de comunidades.

É dessa sensibilização prévia que nasce, consoante Th. Kuhn, um novo paradigma. Ele ainda está sendo gestado. Não nasceu totalmente. Mas está dando os primeiros sinais de existência. Começa já um novo diálogo com a natureza e o universo. Essa é a base que sustenta nossa opção pela Terra.

A Terra, entretanto, não pode ser rebaixada a um conjunto de recursos naturais e de serviço ou a um reservatório físico-químico de matérias-primas. Ela possui sua identidade e autonomia como um organismo extremamente dinâmico e complexo. Ela, fundamentalmente, se apresenta como a grande Mãe que nos nutre e nos carrega.

Queremos sentir a Terra em primeira mão. Sentir o vento em nossa pele, mergulhar nas águas da montanha, penetrar na floresta virgem e captar as expressões da biodiversidade. Ressurge uma atitude de encantamento, reponta uma nova sacralidade e desponta um sentimento de intimidade e de gratidão. Queremos saborear produtos naturais em sua integridade, não transgênicos ou trabalhados pela indústria dos interesses humanos. O *esprit de finesse* (cortesia), tão apreciado por São Francisco e por Blaise Pascal, ganha aqui sua livre expressão. Nasce uma segunda ingenuidade, pós-crítica, fruto da ciência, especialmente da cosmologia, da astrofísica e da biologia molecular e genética, ao mostrar-nos dimensões do real antes insuspeitadas no nível do infinitamente grande, do infinitamente pequeno e do infinitamente complexo. O universo dos seres e dos viventes nos enche de respeito, de veneração e de dignidade. Uma utopia de emancipação se faz notar pelo resgate de um novo senso comum ético, estético, político, participativo e solidário, gerando um novo reencantamento pela vida e pela natureza (Boaventura, 2000, 107-116).

A razão instrumental não é a única forma de uso de nossa capacidade de intelecção. Existe também a razão simbólica e cordial, as inteligências emocional e espiritual e o uso de todos os nossos sentidos corporais e espirituais.

Junto ao *logos* (razão) está o *eros* (vida e paixão), o *pathos* (afetividade e sensibilidade) e o *daimon* (a voz interior da consciência e as mensagens da natureza). A razão não é nem o primeiro nem o último momento da existência. Nós somos também afetividade e desejo (*eros*), paixão, comoção, comunicação e atenção à voz da natureza que fala em nós. Esta voz ressoa em nossa interioridade e pede ser auscultada e seguida (presença do *daimon* em nós).

Conhecer não é apenas uma forma de dominar a realidade. Conhecer é entrar em comunhão com as coisas. Por isso bem dizia Santo Agostinho, na esteira de Platão: "Nós conhecemos na medida em que amamos." Esse novo amor à nossa pátria/mátria de origem nos propicia uma nova suavidade e nos abre um caminho mais benevolente com relação à natureza. Temos uma nova percepção da Terra, como uma imensa comunidade da qual somos membros. Mais do que de meio ambiente, deveríamos com mais razão falar de comunidade de vida, pois todos os seres vivos são parentes entre si e interdependentes. Compareceremos como membros responsáveis para que todos os demais membros e fatores, desde o equilíbrio energético dos solos e dos ares, passando pelos micro-organismos, os animais e as plantas, até chegar às etnias e a cada pessoa, possam nela conviver em harmonia e paz.

Com base nesta percepção se sente a necessidade de uma utilização nova da ciência e da técnica *com* a natureza, em *favor* da natureza e jamais *contra* a natureza. Impõe-se, pois, a tarefa de *ecologizar* tudo o que fazemos e pensamos, rejeitar os conceitos fechados, desconfiar das causalidades unidirecionadas, das soluções únicas, propor-se ser inclusivo contra todas as exclusões, conjuntivo contra todas as disjunções, holístico contra todos os reducionismos, complexo contra todas as simplificações. Assim o novo paradigma começa a fazer sua história.

4. Universo: expansão, auto-organização e a autocriação

A concepção da expansão/autocriação/auto-organização do processo evolutivo nos descortina o caráter histórico do universo e da natureza (Freitas Mourão, 1992). A historicidade não é um apanágio exclusivo dos seres conscientes como os humanos. A natureza não é um relógio que já aparece definitivamente montado. A natureza deriva de um longuíssimo processo cósmico que se apresenta como um fenômeno quântico, marcado por imponderabilidades, virtualidades, bifurcações, regressões e saltos. É a cosmogênese. O "relógio quântico", se quisermos manter a imagem, foi sendo montado lentamente, os seres foram aparecendo a partir dos mais simples para os cada vez mais complexos. Todos os fatores que entram na constituição de cada ecossistema com seus seres e organismos possuem sua latência, sua ancestralidade e em seguida a sua emergência. Eles são históricos. Todos esses processos naturais pressupõem uma fundamental irreversibilidade, própria do tempo histórico.

Ilya Prigogine mostrou que os sistemas abertos – e a natureza e o universo são sistemas abertos – põem em xeque o conceito clássico de tempo linear, postulado pela física clássica. O tempo não é mais mero parâmetro do movimento mas a medida dos desenvolvimentos internos de um mundo em processo permanente de mudança, de passagem do desequilíbrio para patamares mais altos de equilíbrio (Prigogine, 1992, 147-149).

A natureza se apresenta como um processo de autotranscendência e de autocriação. Há nela um princípio cosmogênico sempre em ação mediante o qual os seres vão surgindo e, na medida de sua complexidade, vão também ultrapassando a inexorabilidade da entropia, própria dos sistemas fechados. Isso abre a possibilidade de um novo diálogo entre a visão ecocosmológica com a teologia, pois esta autotranscendência pode apontar para aquilo que as religiões e as tradições espirituais sempre chamaram de Deus, a transcendência absoluta ou aquele futuro, não como reprodução de um passado perdido, mas como produção do novo e do inesperado, portanto um universo que não é refém da entropia cujo termo seria a "morte térmica". Ao contrário, seria a realização suprema de ordem, harmonia e vida sem desgaste (Peacoke, 1979; Pannenberg, 1993, 29-49).

Com isso, se mostra irreal a separação rígida entre natureza e história, entre mundo e ser humano, separação que legitimou e consolidou tantos outros dualismos. Como todos os seres, o ser humano, com a sua inteligibilidade, capacidade de comunicação e de amor, é também fruto do processo cósmico. As energias, as informações e os fatores cósmicos que entram em sua constituição possuem a mesma ancestralidade que o universo. Ele se encontra numa solidariedade de origem e também de destino com todos os demais seres. Ele não pode ser visto fora do princípio cosmogênico, como um ser errático, enviado à Terra por alguma entidade ignota. Todos são enviados pelo Mistério, ou se quiserem, pela Divindade, não apenas o ser humano.

Esta inclusão do ser humano no conjunto dos seres, e como resultado de um processo cosmogênico, impede a persistência do antropocentrismo (que concretamente é um androcentrismo, centração no varão com exclusão da mulher). Este revela uma visão estreita e atomizada do ser humano, desgarrado dos demais seres. Afirma que o único sentido da evolução e da existência dos demais consiste na produção do ser humano, homem e mulher. Lógico, o universo inteiro se fez cúmplice na produção do ser humano. Não apenas dele, mas de todos os outros também. Todos dependemos das estrelas, pois são elas que convertem o hidrogênio em hélio, e da combinação deles provém o oxigênio, o carbono, o nitrogênio, o fósforo e o potássio sem os quais não haveria os aminoácidos nem as proteínas indispensáveis à vida.

Sem a radiação estelar liberada nesse processo cósmico, milhões de estrelas resfriariam, o Sol, possivelmente, nem existiria e sem ele, não haveria vida em nossa Terra. Sem a pré-existência do conjunto dos fatores propícios à vida que foram se elaborando em bilhões de anos e, a partir da vida, a emergência da vida humana, jamais surgiria o indivíduo pessoal que somos cada um.

Por isso devemos dizer numa perfeita circularidade: o universo é direcionado para o ser humano como o ser humano é voltado para o universo donde proveio. Pertencemo-nos mutuamente: os elementos primordiais do universo, as energias que estão ativas desde o processo inflacionário e do *Big Bang*, os demais fatores constituintes do cosmos e nós mesmos, como espécie que irrompeu tardiamente na evolução. Sem o global envolvimento de todos não há evolução do universo.

A partir disso devemos pensar cosmocentricamente e agir ecocentricamente. Quer dizer, pensar na cumplicidade do universo inteiro na constituição de cada ser, e agir de acordo com a consciência da inter-retro-relação que todos guardam entre si em termos de ecossistemas, de espécies a partir das quais se situa o indivíduo. Importa, pois, deixar para trás como ilusório e arrogante todo antropocentrismo e androcentrismo. Eles são pecados ecológicos capitais.

Não devemos, entretanto, confundir o antropocentrismo com princípio andrópico, formulado, em 1974, por Brandon Carter (Alonso, 1989). Por meio dele se procura responder a esta pergunta que naturalmente colocamos: por que as coisas são como são? A resposta só pode ser: se fosse diferente, nós não estaríamos aqui. Respondendo assim não recairíamos no antropocentrismo que criticamos acima?

Há esse risco. Por isso os cosmólogos distinguem o princípio andrópico *forte* e *fraco*. O forte diz: as condições iniciais e as constantes cosmológicas se organizaram de tal forma que, num dado momento da evolução, a vida e a inteligência *deveriam* necessariamente surgir. Essa compreensão favoreceria a centralidade do ser humano. O princípio andrópico fraco é mais cauteloso e afirma: as pré-condições iniciais e cosmológicas se articularam de tal forma que a vida e a inteligência *poderiam* surgir como de fato surgiram. Essa formulação deixa aberto o caminho da evolução que de mais a mais é regida pelo princípio da indeterminação de Heisenberg e pela *autopoiesis* de Maturana-Varela.

Mas olhando para trás, nos bilhões de anos, constatamos que *de fato* assim ocorreu: há 3,8 bilhões de anos surgiu a vida e há uns 4 milhões de anos, a inteligência. Somente a partir do lugar do ser humano é que esse discurso sobre o universo, sobre nossa vinculação com o todo, tem sentido.

O ser humano funda, assim, um ponto de referência, cujo função é cognitiva. Revela tão somente a sua singularidade enquanto espécie pensante e reflexiva, singularidade que não leva a romper com os demais seres, mas reforça a sua vinculação com eles, porque o princípio de compreensão, reflexão e comunicação está primeiro no universo, e somente porque está no universo pode emergir na Terra, progressivamente nos vários seres complexos e finalmente nos seres altamente complexos que são os filhos e filhas da Terra, os humanos. Se está no universo, encontra-se também nos outros seres, de forma adequada a eles. Não é que o princípio seja diferente, apenas os graus de sua presença e realização no cosmos são diferentes.

5. O paradigma da complexidade e a lógica da reciprocidade

Há uma categoria de fundamental importância do ponto de vista do novo paradigma: a complexidade (Fogelman-Soulié, 1991; Morin, 1980, 355-393; 1990, 165-315; 2001). O real, em razão da teia de suas relações, é por sua própria natureza complexo. Um sem número de fatores, elementos, energias, informações, conjunturas temporais irreversíveis entram em sinergia e em sintonia na constituição concreta de cada ecossistema e de suas interfaces individuais. Particularmente densa é a complexidade nos organismos vivos (Wilson, 1994; 2002). Eles formam sistemas abertos. Neles se dá o fenômeno da autoprodução e da auto-organização a partir do não equilíbrio dinâmico que busca novas adaptações. Quanto mais próximo ao total equilíbrio, mais próximo está o organismo de sua morte. Mas a distância do equilíbrio, quer dizer, a situação de caos, cria flutuações, novas relações e a possibilidade de uma nova ordem. Por isso o caos é generativo e é princípio de criação de singularidades e de novidades. Pela auto-organização interna os seres vivos criam estruturas dissipativas da entropia (Ilya Prigonie) possibilitando a negenentropia e sintropia.

A complexidade nos organismos vivos se mostra pela presença do princípio hologramático que neles atua (Wilber, 1991). Este princípio reza: nas partes está presente o todo e no todo as partes. Assim em cada célula, por mais singela como a da epiderme, está presente toda a informação genética da vida. Singularmente complexo é o ser humano. Há um bilhão de células nervosas no córtex cerebral e cerca de um trilhão de outras no corpo todo. Somente numa célula de um músculo humano interagem um trilhão de átomos.

Mais impressionante que estes números é a funcionalidade de todos estes dados, numa lógica de inclusão e inter-retro-reação, passando da ordem para a desordem, para a interação, para criação de uma nova ordem, fazendo com que todo esse processo constitua uma totalidade orgânica (Morin, 2001). Como se isso não bastasse, importa ainda acrescentar o fato de que o ser humano implica, ecologicamente, um componente genético, biosócio-cultural, temporal e transcendente.

Para se compreender a complexidade, se formularam as teorias da cibernética e dos sistemas (abertos e fechados). Por elas se procura captar a interdependência de todos os elementos, sua funcionalidade global, fazendo com que o todo seja mais do que a soma das partes e que nas partes se concretize o todo (holograma). Por mais espantoso que possa parecer, no sistema aberto tem lugar, além da ordem, a desordem, o antagonismo, a contradição e a concorrência. Tudo isso constitui dimensões dos fenômenos organizacionais. Estas nos obrigam a ser dialéticos e não lineares em nossa compreensão.

Assim é, pois, a realidade do complexo. Nela se fazem presentes tantas interações, de todo o tipo, que, espantado, Niels Bohr certa vez comentou: "As interações que mantêm em vida um cachorro são de tal monta que se torna impossível estudá-lo *in vivo*. Para estudá-lo corretamente precisamos matá-lo" (Morin, 1990, 167).

Aqui notamos os limites do paradigma científico clássico, fundado na física dos corpos inertes e na matemática: só consegue estudar seres vivos, reduzindo-os a inertes, vale dizer, destruindo-os. Mas que ciência é essa que para estudar seres vivos precisa matá-los? Faz-se mister outros métodos adequados à complexidade que mantenha vivos os organismos vivos. Há a demanda de uma outra lógica que faça justiça à complexidade do real.

Essa lógica é a da *complementariedade/reciprocidade*, elaborada modernamente pelos físicos quânticos da escola de Kopenhagen (Bohr, Heisenberg) para darem conta da extrema complexidade do mundo subatômico. Nela aparecem articulados formando um campo de forças, matéria e antimatéria, partícula e onda, matéria e energia, cargas positiva e negativa das partículas primordiais, informações etc. Mais que ver as oposições como na lógica dialética, importa ver as complementariedades/reciprocidades no sentido da formação de campos de relações cada vez mais dinâmicos, complexos e unificados. É neste contexto que Niels Bohr formulou a famosa frase: "Uma verdade superficial é um enunciado cujo oposto é falso; uma verdade profunda é um enunciado cujo oposto também é uma verdade profunda." A lógica da complementaridade/reciprocidade funciona em todos os grupos que valorizam as diferenças, as oposições dialéticas, a escuta atenta das várias posições e acolhem as contribuições de onde quer que venham. É pela lógica da complementariedade/reciprocidade que se estabelecem relações criativas entre os sexos, as etnias, as ideologias, as religiões e se valorizam os diferentes ecossistemas num mesmo nicho ecológico. É o sistema do ganha-ganha e não do ganha-perde: todos contribuem e, eventualmente, todos renunciam a algo para chegar a consensos que englobam todos.

A complexidade exige outro tipo de racionalidade e de ciência. A ciência clássica se orientava pelo paradigma da redução e da simplificação. Antes de mais nada arrancava-se o fenômeno de seu ecossistema para analisá-lo em si mesmo. Excluía-se tudo o que fosse meramente conjuntural, temporal e ligado a contingências passageiras. A ciência, dizia-se, é do universal, quer dizer, da estrutura de inteligibilidade daquele fenômeno e não de sua singularidade. Por isso, procurava-se reduzir o complexo ao simples, pois acreditava-se que é o simples que revela as invariâncias e as constantes sempre reproduzíveis. Tudo deve obedecer ao princípio da ordem. Só ele é racional e funcional. As imponderabilidades, as flutuações e as situações de não equilíbrio dinâmico eram desconsideradas e com isso se encobriam vastos campos da realidade.

O pensamento ecológico, baseado nas ciências da Terra, não recusa os méritos do método reducionista-simplificador, mas reconhece-lhe os limites ponderosos. Não se pode isolar seres, organismos e fenômenos do conjunto dos inter-retro-relacionamentos que os constituem concretamente. Por isso devemos distinguir sem separar. Conhecer um ser é conhecer seu ecossistema e a teia de suas relações. Importa conhecer a parte no todo e o todo presente nas partes. Todos os fenômenos estão sob o arco da temporalidade, isto é, da irreversibilidade. Tudo está em evolução, veio do passado, se concretiza no presente e se abre para o futuro. O passado é o espaço do fáctico (o futuro que se realizou); o presente é campo do real (o futuro que agora se realiza e que se mostra); e o futuro é o horizonte do potencial, daquilo que pode ainda realizar-se (von Weizsächer, 1964, 179ss; Picht, 1980, 362-374).

Por causa da evolução deve-se atender à universalidade do movimento mas também à singularidade do evento particular, bem como às emergências localizadas, pois elas podem ser o ponto de condensação do sentido inteiro do universo e as portadoras do salto para a frente. Há uma lógica nos fenômenos que funda, precisamente, a lógica da complexidade que não se deixa reduzir à simplificação.

Essa lógica conhece este movimento sequencial: ordem-desordem-interação-organização-criação (Morin). Tais conexões devem ser pensadas de frente para trás e de trás para a frente. Disso resultam sempre totalidades orgânicas seja no campo da micro e macrofísica (átomos, astros, conglomerados de galáxias), seja no campo da biologia (campos morfogenéticos), seja no campo humano (entidades eco-bio-sócio-antropológicas, culturais, formas de organização social).

Ela nos permite aprender com todas as experiências humanas, no manejo que tiveram com a natureza, seja aquelas chamadas erroneamente de primitivas, de mágicas, de alquímicas, de xamânicas, de arcaicas e de religiosas, seja as contemporâneas, ligadas ao discurso empírico, analítico e epistemológico. Todas revelam a interação do ser humano com o seu entorno. Todas elas têm uma verdade a testemunhar e nós humanos uma paisagem surpreendente a admirar e uma mensagem grandiosa a auscultar.

Para este tipo de aprendizado integrador muito nos ajudou o ecofeminismo (Ruther, 1992; 1994, 199-204; Primavesi, 1991; Boff e Muraro, 2002). Ele resgatou a categoria da *anima* ao lado do *animus*: duas forças que constróem o ser humano, homem e mulher. Nossa cultura havia exacerbado o *animus*, vale dizer, a dimensão de racionalidade, de conquista, de ordenação e de poder. A dimensão da *anima* fora relegada à margem. Ela representa o momento de sensibilidade, de intuição, de percepção de valores, especialmente simbólicos e espirituais, presentes em cada ser humano mas que encontraram na mulher seu portador singular. Ela está ligada naturalmente à lógica do complexo e aos dinamismos da vida que ela gera. Por isso nela ganha centralidade o cuidado, o enternecimento, a lógica do coração. Essas atitudes são fundamentais para uma relação não destrutiva para com a natureza.

Nesta fase crítica pela qual passa a Terra sob o aquecimento global, serão as mulheres as que mais terão o sentimento da Terra e a capacidade de sentir suas dores e ir em busca de sua cura.

6. O universo é espiritual?

No paradigma clássico se afirmava: o universo possui um lado fenomênico (aquilo que aparece e pode ser descrito), analisado de modo admirável por todas as ciências ditas da natureza. E possui também um outro lado, sua interioridade e informação, pesquisado com acuidade por outras ciências, chamadas ciência do espírito. Inicialmente estas duas abordagens corriam paralelas: ciências do espírito por um lado e ciências da natureza por outro. Mas a reflexão filosófica e mesmo científica, a partir da física quântica, mostrou convincentemente que não se tratava de dois mundos paralelos, mas de dois lados do mesmo mundo. Por isso, dizia-se, no seu termo, que a separação entre ciências da natureza e ciências do espírito, matéria e espírito, corpo e alma é inconsistente. Pois o espírito pertence à natureza e a natureza se apresenta espiritualizada. O invisível é parte do visível.

No novo paradigma, a unificação das perspectivas aparece mais límpida (Capra, 1987; Sousa, 1993, 47-70; Hedström, 1997, 7-14; Cummings, 1991, 27-40; Goswami, 1998). Na verdade, pensando quanticamente, cada processo é indivisível. Ele engloba todo o universo, que se torna cúmplice no seu surgimento. O universo e cada fenômeno são vistos como resultado de uma cosmogênese. Uma das características da cosmogênese é a *autopoiesis*, como a chamam alguns cosmólogos e biólogos (Swinne & Berry, 1992, 75-76; Maturana, 1995).

Autopoiesis significa a força de auto-organização e autocriação presente no universo e em cada ser, desde os elementos mais primordiais. Um átomo com tudo o que lhe pertence é um sistema de autopoiesis, de auto-organização, bem como uma estrela que organiza o hidrogênio, o hélio, outros elementos pesados e a luz que irradia a partir de uma dinâmica interna, centrada nela mesma. Não basta, pois, considerar apenas os elementos físico-químicos que entram na composição dos seres, mas importa ver a forma como se organizam, que códigos de informação usam, como se relacionam com os outros e se automanifestam. Eles possuem uma interioridade a partir da qual as formas de organização, informação e automanifestação ganham corpo. Mesmo um simples átomo possui um quantum de espontaneidade em sua automanifestação. Esta espontaneidade cresce na medida da complexidade até chegar a ser dominante nos seres mais complexos, chamados de orgânicos.

A categoria da auto-organização é fundamental para se entender a vida (Dupuy, 1983). Como já acenamos acima, a vida é um jogo de relações e interações que se auto-organizam e se autocriam permitindo que a sintropia (economia de energia) ganhe da entropia (desgaste de energia). Ora, esses princípios de relação e interação já se encontram na origem do universo, quando as energias primordiais começaram a inter-retro-reagir entre si e a formar os campos de força e as primeiríssimas unidades complexas. Aqui, na relação e na complexidade se encontra o nicho da vida e o berço do espírito que é a vida autoconsciente no nível humano, graças à intensidade maior de autoenovelamento e interioridade.

Os bioquímicos e biofísicos, como Prigogine, Stengers e outros, se deram conta e comprovaram o que Teilhard de Chardin já nos anos 1930 do século XX intuíra: quanto mais avança o processo evolucionário, mais ele se complexifica; quanto mais se complexifica, mais se interioriza; quando mais se interioriza mais consciência possui; e quanto mais consciência possui mais se torna autoconsciente. Tudo interage. Tudo, portanto, possui certo grau de vida e de espírito.

As rochas mais ancestrais analisadas seja na micro seja na macrofísica se encontram sob a lógica da interação e da complexidade. Elas são mais que sua composição físico-química. Elas estão em contato com a atmosfera e influenciam a hidrosfera. Interagem com o clima e assim se relacionam com a biosfera. Um número quase infinito de átomos, elementos subatômicos e campos de força constituem sua massa. Um poeta que se deixa tomar pela grandiosidade das montanhas rochosas produz um inspirado poema. Ele é parte da realidade-montanha. As montanhas participam desta cocriação. A seu modo vivem porque interagem e se religam a todo o universo, também com o imaginário do poeta. Em razão disso, elas, em seu nível, são portadoras de espírito e de vida. Porque é assim, podemos captar a mensagem de grandeza, de solenidade, de imponência, de majestade que elas continuamente lançam aos espíritos atentos, tão bem representados pelos indígenas, pelos místicos e pelos poetas. Estes entendem a linguagem das coisas e deciframos o grande discurso do universo (veja as belas reflexões de Daisaku Ikeda, 1991, 35ss). Basta-nos recordar, em nome de tantos testemunhos, o místico verso de William Blake: "Importa ver o mundo num grão de areia/ E um céu numa flor silvestre/ Conter o infinito na palma da mão/ E a eternidade numa hora."

A divisão, pois, entre seres bióticos e abióticos, vivos e inertes, obedece a outra compreensão da realidade, válida apenas para um sistema fechado de seres aparentemente consistentes e permanentes, como estrelas, montanhas e corpos físicos que se contrapõem a seres complexos, dinâmicos e vivos. Esse é seu campo restrito de validade. Errôneo seria identificar este modo de conhecer com a própria realidade, que é infinitamente mais complexa e desborda de todos os modelos de sua representação.

Rompendo, porém, essa barreira, e desocultando a teia de relações e as interações subjacentes em todos eles, nos damos conta de que a consistência e a permanência se evaporam. Encontramo-nos com um sistema aberto e não fechado.

Todos os seres também estão à mercê das inter-retro-relações, das energias com seus campos. Como dizem os físicos quânticos e o próprio Einstein, na linguagem compreensível do cotidiano: as grandes concentrações de energia são captadas na forma de matéria e as pequenas em forma de simples energia sutil e de campos de energia. Tudo, portanto, é energia em diversos graus de concentração e estabilização em sistemas bastante complexos de relações, onde tudo está interconectado com tudo, originando a sinfonia universal: as montanhas, os micro-organismos, os animais, os seres humanos. Tudo possui sua interioridade. Por isso, tudo é portador de certo grau de espiritualidade.

7. O ponto Deus no cérebro

Para complementarmos nossas reflexões sobre a dimensão espiritual do universo, conviria abordar aquilo que os neurólogos chamam de "ponto Deus no cérebro" ou a "mente mística"(*mystical mind*).

Uma frente avançada das ciências hoje é constituída pelo estudo do cérebro e de suas múltiplas inteligências. Alcançaram-se resultados relevantes para a religião e a espiritualidade. Enfatizam-se três tipos de inteligência. A primeira é a *inteligência intelectual*, o famoso QI (Quociente de inteligência) ao qual se deu tanta importância em todo o século XX. É a inteligência analítica pela qual elaboramos conceitos e fazemos ciência. Com ela organizamos o mundo e solucionamos problemas objetivos.

A segunda é a *inteligência emocional*, popularizada especialmente pelo psicólogo e neurocientista de Harvard David Goleman, com seu conhecido livro *A Inteligência emocional* (QE=Quociente emocional). Empiricamente ele mostrou o que era convicção de toda uma tradição de pensadores, desde Platão, passando por Santo Agostinho e culminando em Freud: a estrutura de base do ser humano não é razão (logos) mas a emoção (pathos). Somos, primariamente, seres de paixão, empatia e compaixão, e só em seguida de razão. Quando combinamos QI com QE conseguimos mobilizar a nós mesmos e a outros.

A terceira é a *inteligência espiritual*. A prova empírica de sua existência deriva de pesquisas muito recentes, a partir dos anos 1990, feitas por neurólogos, neuropsicólogos, neurolinguistas e técnicos em magnetoencefalografia (que estudam os campos magnéticos e elétricos do cérebro).

Segundo esses cientistas existe em nós, cientificamente verificável, um outro tipo de inteligência pela qual não só captamos fatos, ideias e emoções, mas percebemos os contextos maiores de nossa vida, totalidades significativas que nos fazem sentir inseridos no Todo. Ela nos torna sensíveis a valores, a questões ligadas à transcendência e a Deus. É chamada de inteligência espiritual (QEs= Quociente espiritual), porque é próprio da espiritualidade captar totalidades e se orientar por visões transcendentais.

Sua base empírica reside na biologia dos neurônios. Verificou-se cientificamente que a experiência unificadora se origina de oscilações neurais a 40 hertz, especialmente localizada nos lobos temporais. Desencadeia-se, então, uma experiência de exaltação e de intensa alegria como se estivéssemos diante de uma Presença viva.

Ou inversamente, sempre que se abordam temas religiosos, Deus ou valores que concernem o sentido profundo das coisas, não superficialmente mas num envolvimento sincero, produz-se igual excitação de 40 hertz.

Por esta razão, neurobiólogos como Persinger, Ramachandran e a física quântica Danah Zohar batizaram essa região dos lobos temporais de "o ponto Deus" (Zohar, 2000. Valle, 2007). Outros, como referimos acima, preferem chamá-la de mente mística (*mystical mind*).

Se assim é, podemos dizer em termos do processo evolucionário: o universo evoluiu, em bilhões de anos, até produzir no cérebro o instrumento que capacita o ser humano – portador de consciência – perceber a presença de Deus que sempre esteve embora não fosse percebível conscientemente. A existência deste "ponto Deus" representa uma vantagem evolutiva de nossa espécie humana. Ela constitui uma referência de sentido para a vida. A espiritualidade pertence ao humano e não é o campo exclusivo das religiões. Antes, as religiões pressupõem e são uma das expressões desse "ponto Deus".

A vida e o espírito possuem, portanto, emergências cada vez mais complexas e ricas. No nível atual do processo evolucionário cósmico que conhecemos, aparece na forma mais densa e consistente no ser humano. Aqui a interioridade e a complexidade ganharam expressão autoconsciente. Portanto, ganha uma história própria, a história dos conteúdos desta consciência (fenomenologia).

A evolução fará um duplo curso: o curso originário e mecânico sob a lógica diretiva universal que move todos os seres, inclusive os humanos. E dentro dela e por força dela, fará o curso autoconsciente, livre e comandado a partir da consciência que pode interferir no curso originário, revelar-se como agressor ou protetor do meio circundante. É o nível humano e noosférico da evolução (Boff, 1999). Ele se manifesta pela imensa obra civilizacional que os humanos operaram nos últimos 2,6 milhões de anos (emergência do *homo habilis*). Eles criaram misteriosamente, na força do princípio cosmogênico e criativo do universo, linguagens, línguas e expressões monumentais. Modificaram o equilíbrio químico e físico do planeta com as revoluções agrária, industrial, nuclear e cibernética. Projetaram símbolos poderosos para dar sentido ao universo e moldaram figuras para expressar a trajetória histórica do ser humano, pessoal e coletivamente. Inventaram as mil imagens de Deus, motor, animador e atrator de todo o universo e fogo interior de cada consciência. Assim como expressaram a dimensão *sapiens* de cada ser humano, deram livre curso também à dimensão *demens* com figurações de guerras, ecocídios, etnocídios, fratricídios e homicídios.

Este princípio de vida, de inteligência, de criatividade e de amorização só pôde emergir nos seres humanos porque primeiro estava no universo e no Planeta Terra. É um feito de nossa galáxia – nossa Via Láctea – a cujo sistema nós pertencemos. E nossa galáxia nos remete às ordens cósmicas anteriores a ela e a outras maiores do que ela.

Entretanto, as questões que preocupam os humanos não são apenas a majestade incomensurável do universo, os buracos negros (verdadeiro inferno cosmológico, pois impede qualquer comunicação) e o infinitamente pequeno mundo da microfísica até seu ponto zero inicial no momento do *Big Bang*. O que agita o ser humano – profundidade abissal de paixões e cloaca abjeta de miserabilidades –, como diria Pascal, são demandas do coração, onde moram as grandes emoções que fazem ora triste a passagem por esse mundo, ora trágica a existência, ora exultante a vida, ora realizadora dos mais ancestrais desejos.

Esta dimensão espiritual pertence ao processo evolucionário. Ele atingiu o estágio presente e, ao mesmo tempo, vem carregado de promessa de novos desdobramentos futuros. Tudo tem futuro. O universo caminhou 13,7 bilhões de anos para que surgisse essa dimensão espiritual. Ela se expressa por uma espécie de liturgia cósmica feita de encantamento e fascínio face à misteriosidade do universo.

8. Conclusão: o Todo nas partes e as partes no Todo

Como conclusão queremos formular alguns conceitos ou figuras de pensamento que caracterizam o emergente paradigma ecológico:

1) *Totalidade/diversidade*: o universo, o sistema Terra, o fenômeno humano são totalidades complexas, orgânicas, dinâmicas, sujeitas permanentemente ao caos. Junto com a análise que dissocia, simplifica e universaliza precisamos da síntese que articula, congrega e cria convergências. Só assim se faz justiça a esta totalidade. O holismo quer expressar esta atitude. Este holismo significa a totalidade, feita de diversidades organicamente interligadas, de tal forma que o todo está em cada parte e cada parte contem o todo. Distanciado do equilíbrio, quer dizer, colocado em situação de caos, todos os seres buscam novos equilíbrios, fundando assim novas ordens.

2) *Interdependência/religação/autonomia relativa*: todos os seres estão interligados e interdependentes e, por isso, sempre religados entre si, um precisa do outro para existir. Em razão desse fato há uma solidariedade e cooperação cósmica de base, formando uma teia complexa de redes e de redes de redes. Mas cada um goza de autonomia relativa e possui sentido e valor em si mesmo, independente do uso que os seres humanos possam fazer deles. Por um lado, cada um se reafirma para poder viver, por outro, se integra num todo maior para garantir seu futuro.

3) *Relação/campos de força*: todos os seres vivem numa teia de relações. Fora da relação nada existe. Essa é base da complexidade. Mais que os seres em si, importa captar a relação entre eles; a partir daí, deve-se compreender os seres sempre relacionados e considerar como cada um entra na constituição do universo complexo. O universo não é feito pela soma dos seres existentes e por existir, mas é o conjunto das redes de relação que os envolve. Por outra parte, tudo está dentro de campos energéticos e morfogenéticos pelos quais tudo tem a ver com tudo, em todos os pontos e em todos os momentos.

4) *Complexidade/interioridade*: tudo vem carregado de energias em diversos graus de densidade e de interação. Energia altamente condensada e estabilidade se apresenta na forma de matéria e, quando menos estabilizada, simplesmente como campo energético. Tal fato gera uma complexidade cada vez maior nos seres, dotados de informações cumulativas, especialmente os seres vivos superiores.

Este fenômeno evolucionário vem sugerir a intencionalidade do universo apontando para uma interioridade, uma consciência reflexa, de suprema complexidade. Tal dinamismo faz com que o universo possa ser visto como uma totalidade inteligente e autoorganizante, expresso pelo princípio andrópico. A rigor não se pode falar de um dentro e de um fora. Quanticamente o processo é indivisível e se dá sempre dentro da cosmogênese como processo global de emergência de todos os seres. Essa compreensão abre espaço para se colocar a questão de um fio condutor que atravessa a totalidade do processo cósmico, de um denominador comum que tudo unifica, que faz o caos ser generativo e que mantém a ordem sempre aberta a novas interações (estruturas dissipativas). A categoria *Abismo alimentador de todo ser* ou *Fonte originária de todos os eventos* ou simplesmente *Deus* hermeneuticamente poderia preencher este significado.

5) *Complementariedade/reciprocidade/caos*: toda a realidade se dá sob a forma de partícula e onda, de energia e de matéria, de ordem e de desordem, de caos e de cosmos. A nível humano, se apresenta como *sapiens* (inteligente) e como *demens* (demente), como *simbólico* e *diabólico*. Não são defeitos, mas marcas da mesma realidade. Elas são complementares e recíprocas. O princípio de complementariedade/reciprocidade está na base do dinamismo originário do universo que passa pelo caos antes de chegar ao cosmos e a ordens superiores.

6) *Seta do tempo/entropia*: tudo o que existe, preexiste e coexiste. Portanto a seta do tempo marca todas as relações e sistemas, dando-lhes o caráter de irreversibilidade. Essas marcas estão presentes em cada partícula e em cada campo de força por mais elementares que sejam e nas informações que se veiculam pelas interações. Quer dizer, nada pode ser compreendido sem uma referência à sua história relacional e ao seu percurso temporal próprio. Esse percurso está aberto para o futuro. Por isso nenhum ser está pronto e acabado, mas carregado de potencialidades que buscam a sua realização.

Teologicamente falando, Deus não terminou ainda a sua obra, nem acabou de nos criar nem pronunciou a palavra final. Por isso devemos ter tolerância para com o universo e paciência para conosco, pois ainda não se atingiu a culminância final. As palavras bíblicas e "Deus viu que tudo era bom e muito bom" (Gênesis 1, 10 e 31) possuem um caráter profético. Só no termo da evolução elas ganharão seu pleno sentido e serão verdadeiramente boas. A harmonia total é promessa futura e não celebração presente. A história universal cai sob a seta termodinâmica do tempo, quer dizer, deve levar em conta a entropia ao lado da evolução temporal, nos sistemas fechados ou tomados em si mesmos (os recursos limitados da Terra, o tempo do Sol etc.). As energias vão se dissipando inarredavelmente e ninguém pode nada contra elas. Mas o ser humano pode retardar seus efeitos, prolongar as condições de sua vida e do planeta, e pelo espírito abrir-se ao Mistério para além da morte térmica do sistema fechado, já que como um todo o universo é um sistema aberto que se auto-organiza, e continuamente transcende os estados dados na direção de patamares cada vez mais altos de vida e de ordem. Estes superam a entropia, pois se abrem para a sintropia, para a sinergia e para a dimensão de Mistério de uma vida de neguentropia e absolutamente dinâmica.

7) *Destino comum/pessoal*: pelo fato de termos uma origem comum e de estarmos todos interligados, temos todos um destino comum num futuro sempre em aberto também comum. É dentro dele que se deve situar o destino pessoal de cada ser, já que cada ser não se entende por si mesmo, sem o ecossistema, as outras espécies em interação com ele e os demais indivíduos da mesma espécie; a despeito desta interdependência cada ser singular é único e nele culminam milhões e milhões de anos de trabalho criativo do universo. A Terra, por mais ameaçada que se encontre, especialmente agora, com as mudanças climáticas e o aquecimento global, realiza seu destino ligado ao destino do todo.

8) *Bem comum cósmico/bem particular:* O bem comum não é apenas humano mas de toda a comunidade de vida e da comunidade cósmica. O bem particular emerge a partir da sintonia e sinergia com a dinâmica do bem comum planetário e universal. Cada qual é um rizoma de relações e somente se realiza na medida em que ativa o conjunto dessas relações. Por isso o indivíduo, tomado em si, é uma abstração. Ele se insere sempre, com sua singularidade, dentro de um todo maior.

9) *Criatividade/destrutividade*: O ser humano, no conjunto das interações e dos seres relacionados possui sua singularidade: é um ser extremamente complexo e cocriativo porque pode interferir no ritmo da criação. Como observador está sempre interagindo com tudo o que está à sua volta e faz colapsar a função de onda que se solidifica em partícula material (princípio de indeterminabilidade de Werner Heisenberg). Ele entra na constituição do mundo assim como se apresenta, como realização de probabilidades quânticas (partícula/onda). É também um ser ético porque é chamado a cuidar da herança recebida e pode pesar os prós e os contras, agir para além da lógica do próprio interesse e em favor do interesse dos mais débeis, como pode também agredir a natureza e dizimar espécies qual Satã da Terra – eis a sua destrutividade – como pode outrossim reforçar suas potencialidades latentes, cocriando, preservando e expandindo o sistema-Terra, qual Anjo Bom e cuidador do jardim do Éden. Pode conscientemente coevoluir com a Terra.

10) *Atitude holístico-ecológica/superação do antropocentrismo*: a atitude de abertura e de inclusão irrestrita propicia uma cosmovisão radicalmente ecológica (de panrelacionalidade e religação de tudo); ajuda a superar o histórico antropocentrismo e permite sermos cada vez mais singulares e ao mesmo tempo soli-

dários, complementares e criadores. Destarte estamos em sinergia com o universo inteiro e por nós ele se revela, avança e continua aberto a novidades jamais antes ensaiadas, rumo a uma Realidade que se esconde nos véus do Mistério, situada no campo da utopia e do desejo humano ilimitado. Como já se disse, o possível se repete, o impossível acontece: Deus, aquela Paixão que tudo gera, aquele Imã que tudo atrai e aquele Coração que tudo ama.

BIBLIOGRAFIA

Alonso, J., (1989). *Introducción al princípio andrópico*. Madrid: Encuentro Ediciones.
Boff, L., (1986). *SS. Trindade, Sociedade e Libertação*. Petrópolis: Vozes.
―――― (1999). *O despertar da águia*. O sim-bólico e o dia-bólico na construção da realidade. Petrópolis: Vozes.
Boff, L., e Muraro, R.-M., (2002). *Masculino/feminino*. Rio de Janeiro: Sextante.
―――― (2003). *Espiritualidade: caminho de realização*. Rio de Janeiro: Sextante
―――― (2005). *Ecologia: grito da Terra, grito dos pobres*. Rio de Janeiro: Sextante.
―――― (2006). *Ética e sustentatibilidade*. Ministério do Meio Ambiente, Brasília: Agenda 21.
Bohr, N., (1931). *Atomtheorie und Naturbeschreibung*. Berlin.
Capra, F., (1987). *O ponto de mutação*. São Paulo: Cultrix.
Cummings, C., (1991). *Eco-spirituality*. Mahwah/Nova York: Paulist Press.
Daisaku, Ikeda, (l991). *La Vita, mistero prezioso*. Milão: Bompiani.
Descartes, R., (1965). *Discours de la méthode*. Vol. VI. Paris: Seuil.
Dupuy, J.-P. (edit.), (1983). *L'auto-organisation: de la Physique au Politique*, Paris: Seuil.
Fogelman-Soulié, F. (edit.), (1991). *Théories de la Complexité*. Paris: Seuil.
Fox, M., (1991). *Creation Spirituality*. San Francisco: Harper San Francisco.
Freitas Mourão, R. R., (1992). *Ecologia cósmica*. Uma visão cósmica da ecologia. Rio de Janeiro: Francisco Alves.
Goswami, A., (1998). *O universo autoconsciente*. Rio de Janeiro: Editora Rosa dos Ventos.
Gribbin, J., (2004). *Deep Simpli*city. Londres: Penguin Books.
Hedström, I., (1989). *Somos parte de un gran equilibrio*. San José de Costa Rica: DEI.
Haeckel, E., (1868). *Allgemeine Entwicklungsgeschichte der Organismen*. Berlin.
―――― (1879). *Natürliche Entwicklungsgeschichte*. Berlin.
Koyré A., *(1973)*. *Études d'histoire de la pensée scientifique*. Paris: Gallimard.
Maturana, H. e Varela, F., (1995). *A árvore do conhecimento*. Campinas: Editorial Psy II.

Merchant, C., (1991). *La morte della natura*. Le donne, l'ecologia e la rivoluzione scientifica. Milão: Garzanti.
Moltmann, J., (1993). *Doutrina ecológica da criação*. Petrópolis: Vozes.
Moraes, M.C., (2004). *Pensamento ecossistêmico*. Petrópolis: Vozes.
Morin, E., La Méthode 2, (1980). *La vie de la vie*. Paris: Seuil.
____ *Science avec Conscience*, (1990). Paris: Fayard.
____ (org.), (2001). *A religação dos saberes*. Rio de Janeiro: Bertrand.
____ (1990), *Science avec conscience*. Paris: Seuil.
Novo, M., (2006). *El desarollo sostenible, su dimensión ambiental e educativa*. Madrid: Pearson/Prentice Hall.
____ et al., (2002). *El enfoque sistémico: su dimensión educativa*. Madrid: Universitas.
Pelizzoli, M.L., (1999). *A emergência do paradigma ecológico*. Petrópolis: Vozes.
Primavesi, A., (1991). *From Apocalypse to Genesis: Ecology, Feminism & Christianity*. Tunbridge Wells: Burns & Oates.
Prigogine, Y., (1986). *La nouvelle alliance. La métamorphose de la science*. Paris: Gallimard.
____ (1992). *Entre o tempo e a eternidade*. São Paulo: Companhia das Letras.
Regidor, J.R., (1990). *Ética ecológica*, em Metáfora Verde. Roma, n. 1.
Ruther, R., (1992). *Gaia and God*. San Francisco: Harper & Row.
____ (1994). "Eco-Feminism and Theology", em *Ecotheology*. Voices from South and North (edit.) Hallman, D.G., Nova York: Orbis Books.
Touraine, A., (2006). *Um novo paradigma*. Petrópolis: Vozes.
von Weizsächer, F., (1964). *Die Tragweite der Wissenschaft*, Schopfung und Weltenstehung, Stuttgart.
Santos, B.S., (2000). *A crítica da razão indolente*. São Paulo: Cortez Editora.
Valle, E., (2006). *Neurociências e religião: interfaces*, em REVER/PUC São Paulo.
Watson, J.D., (2005). *DNA o segredo da vida*. São Paulo: Companhia das Letras.
Wilson, E. O., (1994). *A diversidade da vida*. São Paulo: Companhia das Letras.
____ (2002). *O futuro da vida*. Rio de Janeiro: Campus.
____ *A criação*. Como salvar a vida na Terra. São Paulo: Companhia das Letras.
Wilber, K. (org.), (1991). *O paradigma holográfico e outros paradoxos*. São Paulo: Cultrix.
Zohar, D., (2000). *QS, a inteligência espiritual*. Rio de Janeiro: Record.

Capítulo VII

UMA NOVA ÉTICA
E ESPIRITUALIDADE PLANETÁRIA

A Opção-Terra pressupõe a esperança de que podemos enfrentar as ameaças e transformá-las em oportunidades de um novo salto rumo a um estágio superior da história humana, hoje vivida coletivamente.

1. Crise, não tragédia

Estamos face a uma tragédia ou a uma crise? Lendo as várias advertências referidas anteriormente, parece que estamos indo ao encontro de uma tragédia. Ela não é improvável. Mas não precisa ser uma fatal. Como nos lembra a *Carta da Terra*: "As bases da segurança global estão ameaçadas; estas tendências são perigosas, mas não inevitáveis(...). Nossos desafios ambientais, econômicos, políticos, sociais e espirituais estão interligados e juntos poderemos forjar soluções includentes" (Preâmbulo). Essa é a nossa atitude de base que assumimos e a esperança que alimentamos.

Suspeitamos que a grande maioria dos *cavaleiros da triste mensagem* se move ainda dentro do paradigma da ciência moderna que é linear, redutivista e também materialista. Ela obedece à lógica da causa e do efeito. As causas da atual crise ecológica teriam um efeito trágico.

A situação muda completamente de figura se assumirmos o paradigma contemporâneo, exposto por nós anteriormente, aquele que se articula a partir da nova física quântica. Aqui já não funciona linearmente o princípio de causalidade. A natureza do universo não é linear, mas complexa. Ela conhece rupturas, dá saltos e, tendo acumulado energia suficiente, se ergue a um novo patamar de realização. Todos os fenômenos são de natureza quântica, por isso, são regidos pelo princípio de indeterminação, de incerteza e de probabilidade. Pode ocorrer que a Terra, em situação de caos, de repente encontre um novo equilíbrio, reverbere na consciência coletiva da humanidade e mude de estado. Isso está no horizonte da compreensão quântica dos processos vivos de Gaia.

Tal fato é bem exemplificado pelo chamado *Efeito Borboleta*. Que significa ele? Nos anos 1960, o meteorologista Edward Lorenz, estudando o comportamento da atmosfera, se deu conta desta constatação: pequenas variações nos dados de partida, algo trivial como dois ou três décimos, conduziam a resultados finais completamente diferentes. Uma pequena nuvem no amanhecer pode provocar uma grande tempestade pela tarde em algum lugar distante. Ele tomava como referência o farfalhar das asas de uma borboleta. O fenômeno se inicia no Rio de Janeiro, se espalha em cadeia por todo o espaço e acaba por produzir uma tempestade no distante Caribe. Consoante a física quântica, tudo está interretro-conectado; assim o farfalhar insignificante das asas da borboleta termina produzindo um efeito imenso na outra ponta da realidade. Lorenz formulou da seguinte forma o Efeito Borboleta: "Nos sistemas complexos, pequenas variações nas condições iniciais do sistema podem amplificar-se e conduzir a estados finais muito distintos."

A metáfora da borboleta é sugestiva pelo fato de ser pequena e com força quase insignificante, mas com um potencial de transformação muito grande. Transportando essa metáfora, positivamente, para o campo social, visa-se enfatizar a importância das transformações aparentemente pequenas que as pessoas individuais e os pequenos grupos vão introduzindo no sistema. Pelo encadeamento das interconexões, elas acabam por criar mudanças profundas no Todo. O bem realizado não fica restrito ao âmbito da pessoa ou do grupo que o realizou. Nada é inútil. Tudo que é positivo entra na cadeia das energias benfazejas, das sinergias e das cumplicidades capazes de afetar, em maior ou menor grau, as condições totais do sistema.

O Efeito Borboleta positivo está ocorrendo pelo mundo afora, provocado por jovens, mulheres, grupos alternativos, cientistas, artistas e religiosos, grandes empresas, movidos pelo espírito de cooperação, de solidariedade, de compaixão e de cuidado. Eles incrementam as forças que favorecem a mudança de paradigma e, por isso, de mundo.

É por essa razão que as ameaças não precisam terminar em tragédias. Elas manifestam, sim, a presença de uma crise civilizacional. É próprio da crise funcionar como um crisol que limpa a essência de todas as gangas e de tudo o que for insustentável para que essa essência ganhe uma nova configuração e confira um rosto novo à história humana. É a oportunidade surgida com a crise econômico-financeira de 2008 de superar (não se trata de destruir) o modo de produção capitalista em direção de um modo mais integrado com os ciclos da natureza e com mais capacidade de inclusão de todos os seres humanos.

2. Em busca de um novo paradigma ético-social

A reflexão sobre a crise nos serve de referência crítica face às medidas que atualmente são projetadas pelos vários governos e organizações multinacionais para adaptar-se ao novo estado da Terra e para minorar os efeitos deletérios. Estas são necessárias, mas não podem visar simplesmente a perpetuação do velho paradigma agonizante. Elas devem estar abertas ao surpreendente e assim permitir a emergência de um novo paradigma. Caso contrário, tais medidas ficarão ainda nos sintomas e não alcançarão a causa da doença

Se assim for, elas terão partido de um pressuposto equivocado: pensando que, ao limar os dentes do lobo, diminuímos-lhe a ferocidade. Ou seja, podemos continuar com o mesmo padrão de produção e consumo, apenas trocando a dosagem. Esquecemos que é da natureza do sistema vigente de produção e consumo, como temos refletido amplamente nos capítulos anteriores, tratar a Terra como um objeto a ser explorado de forma ilimitada e, com isso, buscar acumulação de riqueza e aumentar o consumo individual. Não temos consciência de que ela é viva e de que nós somos parte dela.

Este paradigma, caso seja perpetuado, impedirá uma saída salvadora da crise ecológica e das demais que a acompanham como a crise energética e alimentar. Ele se baseia numa metafísica falsa (imagem do mundo), a de que podemos dispor dos recursos a nosso bel-prazer porque somos reis e rainhas da criação. Daí ser a nossa relação para com a natureza apenas de ordem utilitária, pois ela só teria sentido quando ordenada e útil ao ser humano. Somos radicalmente antropocêntricos, entendendo-nos fora, acima e contra a natureza. Entretanto, ela não é nossa, pertence à comunidade dos ecossistemas que servem à totalidade da vida, regulando os climas e a composição físico-química da Terra. Esta perspectiva nos abriria para uma relação cooperativa, respeitosa e não agressiva para com os recursos e serviços que Gaia nos presta. Ela impede a tragédia e poderá garantir um desfecho feliz da crise.

Nesse sentido, de pouco valem soluções meramente técnico-científicas fundadas naquela metafísica. Precisamos, antes, de uma equação moral que mude os fins e não apenas os meios de nossa civilização. Precisamos, como já foi sugerido por alguns, de uma Declaração Universal do Bem Comum da Humanidade e para toda comunidade de vida que se estruture ao redor destes quatro eixos: (1) uso responsável e sustentável dos bens e serviços naturais; (2) primazia do valor de uso desses bens sobre o valor de troca; (3) estabelecimento de um controle democrático das relações sociais, especialmente das econômicas: (4) uma perspectiva multicultural da ética social mínima e da dimensão espiritual da existência.

Estes eixos sustentarão um novo paradigma e um sentido enriquecido de ser. Eles fundam uma nova moralidade.

3. Marcos de uma nova moralidade

Em primeiríssimo lugar está o resgate da razão sensível, do *coração*, do *afeto*, da *compaixão*, da *simpatia* e da *piedade*, numa palavra, da dimensão do *pathos* como complemento à dimensão do *logos*.

Essa dimensão foi profundamente descurada pela modernidade. Esta se construiu sobre a razão analítica e instrumental, a tecnociência, que buscava, como método, o distanciamento mais severo possível entre o sujeito e o objeto. Tudo que vinha do sujeito, como emoções, afetos, sensibilidade, numa palavra, o *pathos*, obscurecia o olhar analítico sobre o objeto. Tais dimensões deveriam ser postas sob suspeição, serem controladas e até recalcadas.

A tecnociência operou uma espécie de lobotomia nos seres humanos que já não se sentiam mais como partes de um todo e como membros de uma comunidade, mas como indivíduos separados e em sua autonomia. Porque não se deu lugar ao afeto e ao coração não havia motivo para respeitar a natureza e escutar as mensagens que ela sempre nos envia. Como se supunha que ela não era portadora de espírito, podia ser tratada como um simples objeto a ser explorado impiedosamente.

Essa insensibilidade se transportou também para as relações sociais. Surgiram formas de objetivação e de exploração das pessoas que alcançaram e ainda hoje alcançam níveis de grande desumanidade. O sistema não ama a vida nem as pessoas, apenas sua força de trabalho e sua capacidade de consumo.

Ocorre que a própria ciência superou essa posição reducionista seja pela mecânica quântica de Bohr/Heisenberg, seja pela biologia à la Maturana/Varela, seja por fim pela tradição psicanalítica, reforçada pela filosofia da existência (Heidegger, Sartre e outros). Essas correntes evidenciaram o envolvimento inevitável do sujeito com o objeto. Mais ainda, nos convenceram de que a estrutura de base do ser humano não é a razão, mas o afeto e a sensibilidade.

Antes da razão, está o universo das paixões e dos afetos. Acima da razão está a inteligência que intui e contempla. Daniel Goleman, com seu texto a *Inteligência emocional*, trouxe a prova empírica de que a emoção precede à razão, como exposto com mais detalhe nos capítulos anteriores.

Isso se torna mais compreensível se pensarmos que nós humanos não somos simplesmente *animais racionais*, mas *mamíferos racionais*. Quando há 125 milhões de anos surgiram os mamíferos, irrompeu o cérebro límbico, responsável pelo afeto, pelo cuidado e pela amorificação, cérebro esse assentado pelo mais arcaico, que é o reptiliano, que responde pelas reações instintivas de nossa vida. A mãe concebe e carrega dentro de si a cria e depois de nascida a cerca de cuidados e de afagos. Somente nos últimos 3-4 milhões de anos surgiu o cérebro neocortical e com ele a razão abstrata, o conceito e a linguagem racional.

O grande desafio atual é conferir centralidade ao que é mais ancestral em nós, o afeto e a sensibilidade. Numa palavra, importa resgatar o coração. Nele está o nosso centro, nossa capacidade de sentir em profundidade, a sede dos afetos e o nicho dos valores. Com isso não desbancamos a razão, mas a incorporamos como imprescindível para o discernimento e a priorização dos afetos, sem substituí-los. Hoje, se não aprendermos a sentir a Terra como Gaia, não a amarmos como amamos nossa mãe e não cuidarmos dela como cuidamos de nossos filhos e filhas, dificilmente a salvaremos. Sem a sensibilidade, a operação da tecnociência será insuficiente.

Essa importância do afeto e do coração nos foi ensinada pelo budismo, no Oriente, e por Schopenhauer, no Ocidente. Este afirmava, por exemplo, em seus Fundamentos da Moral, de 1840: "Não faças mal a nenhum ser, antes esforça-te em ajudar a todos o mais que podes."

> Um conhecido texto chinês do século XV, tirado do Livro das recompensas e das penas, diz: Mostrai-vos humanos para com os animais. É necessário amar não somente os homens mas também os animais. Embora a maioria deles seja pequena em tamanho, eles são portadores do mesmo princípio de vida, se apegam à vida e relutam em morrer. Não nos entreguemos à barbárie que nos induz a matá-los. Não façamos mal aos insetos, às plantas e aos seus ovos (citações em Monod, 2000, 118).

Importa, pois, perceber que em tudo há um coração e que, em último termo, o coração do mundo, o coração do ser humano e o coração de Deus são um único grande coração que pulsa de enternecimento e amor.

Em segundo lugar, devemos tomar a sério o princípio da precaução e do cuidado. Ou cuidamos do que restou da natureza e regeneramos o que temos devastado, ou então nosso tipo de sociedade terá os dias contados. Ademais, filosoficamente o cuidado é a precondição para que surja qualquer ser e é o norteador antecipado de toda ação.

Martin Heidegger, em seu *Ser e tempo* (2000, 42, 265), ressaltou que o cuidado pertence à essência do ser humano. Sem o cuidado, nem as energias primordiais e as partículas elementares ter-se-iam equilibrado, nem teriam surgido ordens complexas superiores que possibilitaram a emergência da vida e da consciência. O ser humano existe porque cultiva o cuidado e impede que a entropia faça sua obra irrefreável. Tudo o que cuidamos dura mais e permite o florescer das virtualidades presentes em nós (Boff, 1999).

Esse princípio se aplica diretamente à biotecnologia e à nanotecnologia, a ponta da nova onda de inovação tecnológica. A nanotecnologia (um nanômetro – nm – equivale a um bilionésimo de metro que geralmente vai de 1-100) é a tecnologia natural, normal da natureza que trabalha com bilionésimas frações de gramas. Nós não conhecemos bem sua lógica, pois as partículas são invisíveis e obedecem, geralmente, às leis da física quântica que se regem pelo princípio de indeterminação e de saltos de estado.

Como não conhecemos seus mecanismos, há muitas incertezas e riscos. Tais partículas que se movem e se replicam, podem afetar nossos órgãos, diminuindo a imunidade de nosso corpo (Schnaiberg, 2006, 79-86; Martins, 2006).

Daí a importância do princípio da precaução e do cuidado. Há cientistas e atores políticos respeitáveis que sugerem uma moratória no desenvolvimento de tais produtos da nanotecnologia e de sua comercialização até que se elaborem protocolos de centros de pesquisa e de normas reguladores por parte do poder público, responsável pela saúde humana e ambiental. Na definição desses critérios deve-se ouvir a sociedade, introduzir amplas auditorias e informações transparentes que permitam à população fazer uma ideia do que se trata e poder codecidir como cidadãos responsáveis.

Tal visão exige outro paradigma de ciência, não independente das aplicações, mas produzida no contexto das aplicações, uma ciência não apenas disciplinar como também transdisciplinar e transversal, não refém de centros de pesquisa, que assimile a diversidade organizacional e a troca de saberes (incluindo os saberes tradicionais e populares), ciência feita com consciência e, por isso, responsável pelas eventuais consequências para os seres vivos, o que se chama hoje de *accountability*, a tomada de consideração das implicações não científicas da ciência. Isso implicaria antes uma *retirada sustentável* do que um simples *desenvolvimento sustentável*.

A versão oriental do cuidado vem sob o signo da *compaixão*. Ter compaixão, no sentido budista, não significa ter pena dos outros que sofrem. É a capacidade de respeitar o outro como outro, não interferir em sua vida e destino porém deixá-lo só em sua dor. É voltar-se para ele, para ser solidário e cuidá-lo, e construir junto o caminho da vida.

O que precisamos hoje é de uma ética da compaixão para com o sofrimento de Gaia, para que não sucumba às chagas que abrimos em seu corpo, cuidado com a vida, cuidado com o ser humano a partir dos que mais estão ameaçados, cuidado com os ecossistemas, cuidado com os ares, com as águas, os solos e os climas, cuidado com a emissão de gases de efeito estufa, cuidado com a saúde humana, com a cultura, com a espiritualidade, com a morte, para que possamos nos despedir com gratidão desta vida.

Em 1991, os vários organismos da ONU ligados à preservação do meio ambiente publicaram um texto precioso em duas versões: uma acadêmica e outra popular, que trazia como título *Caring for the Earth* (Cuidando da Terra). Um dos eixos articuladores da *Carta da Terra* é a categoria *cuidado* em todas as suas modulações, do Planeta, do sistema vida, do tipo de desenvolvimento e do modo sustentável de viver (Boff, 2003, 15-23). O Ministério do Meio Ambiente do governo Luiz Inácio Lula da Silva, sob a inspiração da ex-ministra Marina Silva, cunhou este lema para qualificar as atividades oficiais: "Vamos cuidar do Brasil". A categoria *cuidado* e o princípio da *precaução* têm centralidade na reflexão e na prática do Ministério.

Em terceiro lugar, vem a ética de *respeito a todo ser*. Cada ser tem valor intrínseco, tem seu lugar no conjunto dos seres no interior de seus ecossistemas, revela dimensões singulares do Ser. A maioria dos seres é muito mais ancestral do que o ser humano, por isso merecem veneração e respeito. É esta atitude de respeito, tão viva entre as culturas originárias, que impõe limites à voracidade de nosso sistema depredador que tem como eixo de sua estruturação a vontade de poder sobre tudo e sobre todos.

Quem melhor formulou uma ética do respeito foi Albert Schweitzer (morto em 1965), médico suíço que se dedicou aos hansenianos em Lambarene, no Congo. Ele ensinava: "Ética é a responsabilidade ilimitada por tudo o que existe e vive" (1968, 29). Como era também teólogo, dos mais eminentes, estendia o valor das palavras de Jesus no juízo final também aos seres vivos mais indefesos: "O que fizerdes a um desses menores foi a mim que o fizerdes" (op. cit. 55).

Esse respeito pelo outro nos obriga à tolerância, tão urgente nos dias atuais, marcados pelo fundamentalismo e pelo terrorismo. A tolerância ativa implica acolher as limitações e até defeitos dos outros e conviver jovialmente com eles, elaborando formas não destrutivas de resolver os eventuais conflitos.

Sem a tolerância, o respeito e a veneração perdemos também a memória do Sagrado e do Divino que perpassam todo o universo e que emerge na consciência humana. São valores que darão sustentabilidade à sociedade e à natureza.

Em quarto lugar, precisamos de uma ética da *solidariedade e da cooperação* (Boff, 2006). A cooperação constitui a lógica objetiva do processo evolucionário e da vida. O próprio princípio da seleção natural, proposto por Darwin, só tem sentido dentro de um princípio maior e mais fundamental que preside não apenas os organismos vivos para todos os seres do universo (Sandin, 2006, 135-161). A física quântica e a nova cosmologia tiraram esse princípio a limpo ao afirmar que no universo "tudo tem a ver com tudo em todos os pontos e em todas as circunstâncias". Todas as energias e todos os seres cooperam uns com os outros para que se mantenha o equilíbrio dinâmico, se garanta a diversidade e todos possam coevoluir. O propósito da evolução não é conceder a vitória ao mais forte, mas permitir que cada ser, mesmo o mais fraco, possa expressar virtualidades que emergem do vácuo quântico, daquele abismo de energia e de possibilidades, de onde tudo sai e para onde tudo retorna.

Foi a cooperação que permitiu que nossos ancestrais antropóides dessem o salto da animalidade para a humanidade. Ao saírem para buscar alimentos, não os guardavam cada um para si quando os encontravam, mas os traziam para o grupo para distribuí-los solidaria e cooperativamente entre eles. Somos humanos porque somos seres de cooperação e solidariedade.

Hoje não podemos ser apenas cooperativos e solidários espontaneamente porque esta é a lógica da evolução e da vida, mas devemos sê-lo conscientemente e como projeto de vida. Caso contrário, não salvaremos a vida nem garantiremos um futuro promissor para a Humanidade. O sistema econômico e o mercado não se fundam sobre a cooperação mas sobre a competição e concorrência mais desenfreada. Por isso, criam tantas vítimas e se mostram cruéis e sem piedade para com populações e países inteiros.

Em quinto lugar, hoje é urgente a ética da *responsabilidade*. Ela foi amplamente discutida pelo filósofo alemão Hans Jonas em seu livro *O princípio de responsabilidade* (2005 e 2006).

Ser responsável é dar-se conta das consequências de nossos atos. Até a invenção das armas nucleares, da guerra química e biológica e da manipulação do código genético, podíamos fazer intervenções na natureza sem maiores preocupações. Hoje a situação mudou radicalmente. Construímos o *princípio da autodestruição*, como o chamou Carl Sagan. Temos os meios de destruir a vida humana e desestruturar profundamente o sistema-vida. Podemos pela excessiva quimicalização dos alimentos, pelos transgênicos e pela manipulação do código genético produzir um desastre de proporções inimagináveis, inclusive irreversíveis. Então, devemos assumir nossa responsabilidade por nós mesmos, pela Casa Comum e pelo Futuro compartilhado.

O princípio categórico é: "Aja de forma tão responsável que as consequências de tua ação não sejam deletérias para a vida e seu futuro." Ou positivamente: "Aja de tal forma que as consequências de tuas ações sejam promotoras de vida, de cuidado, de cooperação e de amor." É aqui que tem lugar o princípio da precaução, tão importante nas decisões sobre a manipulação genética de organismos vivos.

Se seguirmos essa nova velha moralidade, mudaremos os comportamentos dos Estados e das pessoas para com a natureza e assim nos salvaremos.

4. Uma espiritualidade da Terra

Esta nova moralidade haure sua energia não apenas de uma racionalidade mais holística e cordial, mas antes de uma nova espiritualidade.

É importante precisar melhor a palavra espiritualidade para desfazer os preconceitos que a cercam e que impedem de apreender sua riqueza antropológica. Normalmente ela é identificada com as religiões. Mas isso não é correto, pois ela é anterior e mais originária do que as religiões. Antes, as religiões têm como substrato a espiritualidade e nasceram de uma profunda experiência espiritual feita pelo mestre fundador, pelo profeta ou por algum carismático e mesmo por uma comunidade inteira. Portanto, ela não é monopólio das religiões, mas uma dimensão do profundo humano.

O ser humano não é apenas corpo pelo qual ele se faz presente no universo e aos demais corpos. Ele também não é apenas psiquê, aquele universo interior de paixões, desejos, arquétipos e energias que tornam singular a existência humana. Ele também é espírito. Espírito é aquele momento da consciência pelo qual o ser humano se sente parte de um Todo maior e se coloca indagações, verdadeira agenda, presente ao longo de toda a sua vida: de onde venho, para onde vou, qual o sentido de minha presença no universo, que posso esperar depois da curta passagem por este Planeta? Ao colocar essas questões, ele revela a dimensão espírito do ser humano. Ser espírito é perceber as mensagens que o universo nos envia, é captar o elo secreto que une e reúne todos os seres fazendo que sejam um cosmos e não um caos. Espírito é aquele momento de transcendência pelo qual o ser humano se comunica com o outro e pode perceber aquela Energia suprema que anima todo o universo e que culmina com o fenômeno vida e vida consciente e livre. Como dizem as Escrituras: "Espírito é vida" (Rom 8, 10).

Espiritualidade nesta acepção é toda a atividade e comportamento humano que encontram sua centralidade na vida (não na vontade de poder, nem na acumulação, nem no desfrute fugaz do prazer), mas na vontade de viver, na promoção e dignificação de tudo o que estiver ligado à vida.

Se espírito é vida, então o oposto a espírito não é a matéria mas a morte. Pertence ao âmbito da morte não apenas o termo biológico da vida porém tudo o que desestrutura, ofende e oprime a vida, como a injustiça, a violência e a falta de cuidado.

O projeto da vida se confronta, pois, com o projeto da morte, daquela lógica que na sociedade produz conflitos, ofensa à dignidade das pessoas e agressão sistemática do sistema-vida e de Gaia.

As obras da espiritualidade são a solidariedade, a compaixão, o amor desinteressado, a cooperação e a capacidade de abertura a todo tipo de alteridade. É também próprio do ser humano espiritual ser capaz de dialogar com a Fonte originária de todo ser que ele percebe perpassando a realidade. Entrar em comunhão humilde com essa suprema Realidade e senti-la dentro de si na forma de entusiasmo, aquela energia interior que move a vida e anima todos os projetos.

As religiões deram corpo histórico a esta dimensão. Sua função não é substituir a espiritualidade, mas criar espaços e tempos para alimentá-la e produzir condições para que todos os seres humanos possam vivenciá-la e integrá-la no seu cotidiano.

Assim como uma estrela não brilha sem uma aura, da mesma forma uma ética e uma moral não brilham se não tiverem como aura uma espiritualidade. Vale dizer, se não estiverem ancoradas em algo mais transcendente que as defenda contra o risco do moralismo e da tirania dos imperativos categóricos, às vezes, verdadeiros superegos castradores da vontade e da alegria de viver.

Resumindo, podemos dizer: a espiritualidade trabalha com valores que têm a ver com o sentido de totalidade e com o futuro que vai além de nosso tempo histórico. Ela se pergunta por aquela Energia que tudo move, que penetra todos os seres e o universo inteiro, e não se envergonha de chamá-la de Deus e de entreter com Ele um diálogo de oração, de súplica e de contemplação.

O ser humano possui esta vantagem evolutiva: de poder discernir no transfundo dos fenômenos a ação desta Presença. Ela possui sua base biológica nos neurônios cerebrais que revelam o chamado "ponto Deus" atestado por neurolinguistas e neurólogos (Zohar, 2004), como expusemos anteriormente.

Essa espiritualidade funda as razões para preservarmos o Criado e nos instiga a seguir uma ética do cuidado, da compaixão, da responsabilidade e da cooperação.

Esta espiritualidade nos fará entender que mais vale o discurso da vida do que o discurso do método. A frase escrita nos muros de Paris pelos jovens rebeldes em 1968 guarda ainda atualidade: "Sejam realistas; exijam o impossível." Prefiro palavras das Escrituras judaico-cristãs que dizem:

Hoje tomo o céu e a terra como testemunho contra vós.
Eu vos proponho a vida e a morte.
A benção e a maldição.
Escolhei, portanto, a vida para vós e vossos descendentes possais viver bem e muito (Deuteronômio 30, 19).

A Opção-Terra pressupõe que tenhamos escolhido a vida. Fazendo um pouco desse impossível, salvaremos a vida e garantiremos futuro para a Terra, nossa Casa Comum, apesar das ameaças que nos vêm das mudanças climáticas e do aquecimento geral do Planeta.

BIBLIOGRAFIA

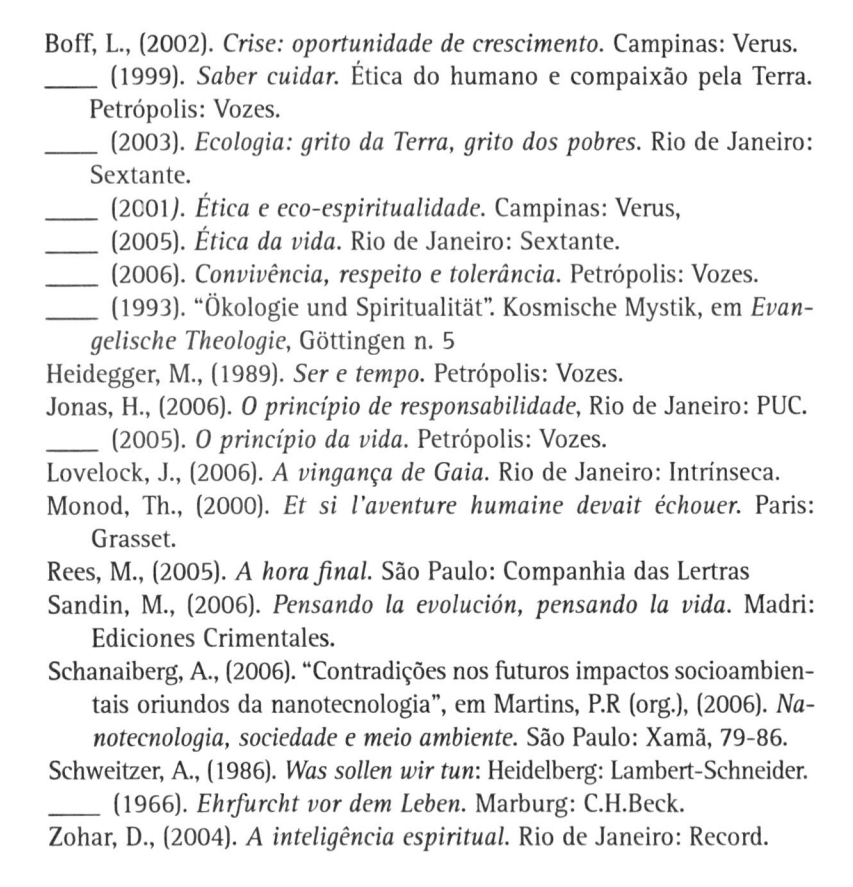

Boff, L., (2002). *Crise: oportunidade de crescimento*. Campinas: Verus.
____ (1999). *Saber cuidar*. Ética do humano e compaixão pela Terra. Petrópolis: Vozes.
____ (2003). *Ecologia: grito da Terra, grito dos pobres*. Rio de Janeiro: Sextante.
____ (2001). *Ética e eco-espiritualidade*. Campinas: Verus,
____ (2005). *Ética da vida*. Rio de Janeiro: Sextante.
____ (2006). *Convivência, respeito e tolerância*. Petrópolis: Vozes.
____ (1993). "Ökologie und Spiritualität". Kosmische Mystik, em *Evangelische Theologie*, Göttingen n. 5
Heidegger, M., (1989). *Ser e tempo*. Petrópolis: Vozes.
Jonas, H., (2006). *O princípio de responsabilidade*, Rio de Janeiro: PUC.
____ (2005). *O princípio da vida*. Petrópolis: Vozes.
Lovelock, J., (2006). *A vingança de Gaia*. Rio de Janeiro: Intrínseca.
Monod, Th., (2000). *Et si l'aventure humaine devait échouer*. Paris: Grasset.
Rees, M., (2005). *A hora final*. São Paulo: Companhia das Lertras
Sandin, M., (2006). *Pensando la evolución, pensando la vida*. Madri: Ediciones Crimentales.
Schanaiberg, A., (2006). "Contradições nos futuros impactos socioambientais oriundos da nanotecnologia", em Martins, P.R (org.), (2006). *Nanotecnologia, sociedade e meio ambiente*. São Paulo: Xamã, 79-86.
Schweitzer, A., (1986). *Was sollen wir tun*: Heidelberg: Lambert-Schneider.
____ (1966). *Ehrfurcht vor dem Leben*. Marburg: C.H.Beck.
Zohar, D., (2004). *A inteligência espiritual*. Rio de Janeiro: Record.

Capítulo VIII

UM RECEITUÁRIO PARA CUIDAR DE GAIA: A *CARTA DA TERRA*

A situação de Terra é cheia de paradoxos: por um lado, verifica-se em todas as partes mobilizações para poupar a Terra e introduzir relações mais benevolentes para com ela, por outro, continua a agressão feroz daqueles que ainda imaginam que seus recursos são inesgotáveis e ela esteja completamente sã.

O que deveras sentimos é que, de um modo ou de outro, somos, segundo Mac Luhan, uma aldeia global, formada por uma natureza esplêndida e fecunda, que nos garante a vida, e pelo outro, por companheiros e companheiras de aventura, com os mais diferentes rostos, filosofias, tradições culturais e religiosas que sentem a necessidade de conviver, ser hospitaleiros, tolerantes e comensais ao redor da mesma mesa planetária, ou seja, descobrem que formamos a família humana.

Por mais que esta Humanidade tenha desenvolvido, praticamente desde o surgimento do *homo habilis*, há cerca de dois milhões de anos, técnicas de intervenção na natureza no afã de garantir e aumentar seus meios de vida, ela também tem se mostrado compassiva, capaz de autolimitar-se, encontrar a justa medida entre o desejo ilimitado e os limites de suportabilidade dos ecossistemas.

A Humanidade inventou a religião, o mundo dos valores éticos, o direito, a filosofia, a ciência e algo tão sublime e espiritual como as artes, a poesia e, especialmente, a música, que, além de visarem a dimensão transcendente do ser humano, o ajudam a viver de forma solidária, respeitosa e reverente face à natureza.

Se, por um lado, existiu um Hitler, um Stalin, um Videla e um Pinochet, por outro, existiu também um São Francisco de Assis, um Dom Hélder Câmara e um Gandhi. Essas dimensões contraditórias representam a nossa marca de *sapiens* e de *demens*. Mas aquelas dimensões altamente positivas não provêm da lógica da utilidade e da vontade de poder, mas da gratuidade do amor e da imaginação criativa, inerentes à essência humana. Estamos convencidos de que a palavra decisiva caberá a elas.

Para enfrentar a crise ecológica global e para reforçar o lado promissor da existência que contém a esperança de que outra Terra é possível, se escreveu a *Carta da Terra* (1999, 12).

1. Como surgiu a *Carta da Terra*

O texto da *Carta da Terra* madurou durante muitos anos a partir de uma ampla discussão a nível mundial (Boff, 2003, 15-38). Um nicho de pensamento se encontra no seio da ONU. Quando foi criada, em 1945, se propunha como tarefa fundamental a segurança mundial sustentada por três polos principais, os direitos humanos, a paz e o desenvolvimento socioeconômico. Não se fazia ainda nenhuma menção à questão ecológica. Esta irrompeu estrepitosamente em 1972 com o Clube de Roma, o primeiro grande balanço sobre a situação da Terra, que denunciava a crise do sistema global da Terra e propunha como terapia limites ao crescimento. Nesse mesmo ano, a ONU organizou o primeiro grande encontro mundial sobre o meio ambiente em Estocolmo, na Suécia. Aí surgiu a consciência de que o meio ambiente deve constituir a preocupação central da Humanidade e o contexto concreto de todos os problemas. Finalmente o futuro da Terra e da Humanidade depende das condições ambientais e ecológicas. Impunha-se desenvolver valores e propor princípios que garantissem o equilíbrio ecológico.

Em 1982, na sequência dessa preocupação, se publicou a *Carta Mundial para a Natureza*. Em 1987, a Comissão Mundial para o Meio Ambiente e o Desenvolvimento (Comissão Brundtland) propunha o *motto* que continua fazendo fortuna até os dias de hoje, o *desenvolvimento sustentável*, e sugeria uma *Carta da Terra* que regulasse as relações entre esses dois campos, o meio ambiente e o desenvolvimento. Em 1992, por ocasião da *Cúpula da Terra*, realizada no Rio de Janeiro, se propôs uma *Carta da Terra* que havia sido discutida a nível mundial por organizações não governamentais, por grupos científicos comprometidos e por governos nacionais. Ela deveria funcionar como o cimento ético para conferir coerência e unidade a todos os projetos dessa importante reunião, especialmente da Agenda 21. Mas não houve consenso entre os governos. Em seu lugar, adotou-se a Declaração do Rio sobre Meio Ambiente e Desenvolvimento. Tal rejeição provocou grande frustração nos meios mais conscientes e comprometidos com o futuro ecológico da Terra.

Surgiu o segundo e decisivo nicho de pensamento e criação: duas organizações internacionais não governamentais, a saber, o Conselho da Terra e a Cruz Verde Internacional, ONG coordenada por M. Gorbachev, com o apoio explícito do governo holandês por meio de seu primeiro-ministro Lubbers. Foi assumido o desafio de buscar formas para se chegar a uma *Carta da Terra*.

Em 1995, essas duas organizações copatrocinaram um encontro em Haia, na Holanda, onde sessenta representantes de muitas áreas, junto com outros interessados, criaram a Comissão da *Carta da Terra* com o propósito de organizar uma consulta mundial durante dois anos, ao fim dos quais dever-se-ia chegar a um esboço de *Carta da Terra*.

Ao mesmo tempo, foram recopilados os princípios e os instrumentos existentes de direito internacional num informe com o título Princípios de Conservação Ambiental e Desenvolvimento Sustentado: Resumo e Reconhecimento.

Em 1997, criou-se a Comissão da *Carta da Terra*, composta por 23 personalidades mundiais oriundas de todos os continentes, para acompanhar o processo de consulta e redigir um primeiro esboço do documento, sob a coordenação de Maurice Strong (do Canadá e coordenador geral da Cúpula da Terra, Rio-92) e Mikhail Gorbachev (da Rússia, presidente da Cruz Verde Internacional). Em março de 1997, durante o Forum Rio+5, a primeira tentativa de balanço do que se implementou das decisões da Cúpula da Terra (*Rio-1992*) a comissão apresentou um primeiro esboço da *Carta da Terra*.

Os anos de l998 e 1999 foram de ampla discussão em todos os continentes e em todos os níveis (desde escolas primárias, comunidades de base até centros de pesquisa e ministérios de educação) sobre a *Carta da Terra*. Cerca de 46 países e mais de 100 mil pessoas foram envolvidas. Muitos projetos de *Carta da Terra* foram propostos, cabendo a mim propor também em nome das Américas. Até que em abril de 1999, sob a orientação de Steven Rockfeller, budista e professor de filosofia da religião e de ética, escreveu-se um segundo esboço de *Carta da Terra*, reunindo as principais ressonâncias e convergências mundiais. De 12 a 14 de março de 2000, na Unesco, em Paris, se fizeram as últimas contribuições e se ratificou a *Carta da Terra*. A partir de então o documento tornou-se um texto oficial, aberto a discussões e a novas contribuições. Em 2003, a

Unesco aprovou uma resolução de apoio ao texto dizendo que se trata de uma referência ética para o desenvolvimento sustentável e convida os Estados membros a utilizarem a Carta como um instrumento educativo. Forte apoio veio em 2004 da União Internacional para a Conservação da Natureza (UICN) em seu congresso, realizado em Bangcoc, declarando a *Carta da Terra* como *um guia de ética para formas mais sustentáveis de vida*. Nesse mesmo ano de 2004, realizou-se em Mumbai, na Índia, um seminário para educadores que haviam acolhido a *Carta da Terra*. Nele se partilhavam experiências como as da Universidade da Paz em Costa Rica, o Instituto Paulo Freire de São Paulo e outras entidades (Novo, 2006, 338-343).

Em novembro de 2005, celebrou-se em Amsterdã os cinco anos de publicação da *Carta da Terra*. No começo de dezembro de 2008, novamente em Amsterdã se fez um balanço, em nível mundial, da acolhida da *Carta* nos vários continentes, pelos empresários, pelos jovens e por outras ONGs e instituições. O panorama se mostrou altamente positivo e dava o pulso da sensibilidade mundial em relação aos problemas ambientais que deram origem à *Carta*. Reforçou-se uma campanha mundial de apoio à *Carta da Terra* com o propósito de conquistar mais e mais pessoas, instituições e governos para essa nova visão ética e ecológica, capaz de fundar um princípio civilizatório benfazejo para o futuro da Terra e da Humanidade.

2. Os conteúdos principais da *Carta da Terra*

Melhor do que resumir os conteúdos éticos é transcrever os quatro princípios fundantes e os 16 pontos referenciais do *modo sustentável de vida*.

1. *Respeitar e cuidar da comunidade de vida*
- Respeitar a Terra e a vida com toda sua diversidade
- Cuidar da comunidade de vida com compreensão, compaixão e amor
- Construir sociedades democráticas, justas, sustentáveis, participatórias e pacíficas
- Assegurar a riqueza e a beleza da Terra para as gerações presentes e futuras.

2. *Integridade ecológica*
- Proteger e restaurar a integridade dos sistemas ecológicos da Terra, com especial preocupação pela diversidade biológica e pelos processos naturais que sustentam a vida
- Prevenir o dano ao ambiente como o melhor método de proteção ambiental e, quando o conhecimento for limitado, tomar o caminho da prudência
- Adotar padrões de produção, consumo e reprodução que protejam as capacidades regenerativas da Terra, os direitos humanos e o bem-estar comunitário
- Aprofundar o estudo da sustentabilidade ecológica e promover a troca aberta e uma ampla aplicação do conhecimento adquirido.

3. *Justiça social e ecológica*
- Erradicar a pobreza como um imperativo ético, social, econômico e ambiental
- Garantir que as atividades econômicas e instituições em todos os níveis promovam o desenvolvimento humano de forma equitativa e sustentável

- Afirmar a igualdade e a equidade de gênero como pré-requisitos para o desenvolvimento sustentável e assegurar o acesso universal à educação, ao cuidado da saúde e às oportunidades econômicas
- Apoiar, sem discriminação, os direitos de todas as pessoas a um ambiente natural e social, capaz de assegurar a dignidade humana, a saúde corporal e o bem-estar espiritual, dando especial atenção aos povos indígenas e minorias.

4. *Democracia, não violência e paz*

- Reforçar as instituições democráticas em todos os níveis e garantir-lhes transparência e credibilidade no exercício do governo, participação inclusiva na tomada de decisões e no acesso à justiça;
- Integrar na educação formal e aprendizagem ao longo da vida, os conhecimentos, valores e habilidades necessários para um modo de vida sustentável.
- Tratar todos os seres vivos com respeito e consideração.
- Promover uma cultura de tolerância, não violência e paz.

A *Carta* expressa, como efeito final, a confiança na capacidade regenerativa da Terra e na responsabilidade compartida dos seres humanos de aprenderem a amar e a cuidar do Lar Comum. Belamente conclui a Carta: Que o nosso tempo seja lembrado pelo despertar de uma nova reverência face à vida, por um compromisso firme de alcançar a sustentabilidade, pela rápida luta pela justiça e pela paz, e pela alegre celebração da vida.

Por fim, cabe ressaltar que essa proposta de ética mundial é seguramente, a mais articulada, universal e elegante que se produziu até agora. Se esta *Carta da Terra* for universalmente assumida, mudará o estado de consciência da Humanidade. A Terra ganhará, finalmente, centralidade junto com todos os seus filhos e filhas que possuem a mesma origem e o mesmo destino que ela. Nela não haverá mais lugar para o empobrecido, o desocupado e o agressor da própria Grande Mãe (*A Voice for Earth*, 2008).

3. Compreensão, compaixão e amor pela Terra

Em função de nosso tema *Opção-Terra* queremos comentar o número 2 do princípio primeiro (respeitar e cuidar da comunidade de vida) que reza: "cuidar da comunidade de vida com compreensão, compaixão e amor". Comentemos cada parte.

a) *Cuidar da comunidade de vida com compreensão*

Cuidar é envolver-se com o outro ou com a comunidade de vida, mostrando zelo e até preocupação (Boff, 1999; Waldow, 1988; Roselló, 1998; Fry; 1993, 175-179; Leininger e Watson, 1990). Mas é sempre uma atitude de benevolência querer estar junto, acompanhar e proteger. A compreensão quer conhecer afetivamente a comunidade de vida. Quer conhecer com o coração e não apenas com a cabeça. Portanto, nada de conhecer para dominar (saber é poder dos modernos como Francis Bacon), mas conhecer para entrar em comunhão com a realidade (Moltmann, 1990, 400-414). Para isso precisamos daquilo que Pascal chama de *esprit de finesse* em distinção do *esprit de géometrie*.

O espírito de gentileza e de finura capta o outro como outro, procura entender-lhe a lógica interna e acolhe-o tal como é. Essa compreensão supõe o amor e a boa vontade e superação da malícia e da suspeita. Com razão dizia Santo Agostinho, na esteira de Platão, "nós conhecemos na medida em que amamos."

Cuidar com compreensão a comunidade de vida significa, então, utilizar a ciência e a técnica sempre em consonância e *com* essa comunidade e nunca *contra* ela ou sacrificando sua integridade e beleza. Cuidar aqui convida a *ecologizar* tudo o que fazemos com a comunidade de vida, vale dizer, rejeitar interações prejudiciais aos ecossistemas ou que causam sofrimentos aos representantes da comunidade de vida, como pede a *Carta da Terra* no item 15: "tratar todos os seres vivos com respeito e consideração" implica manter a consorciação dos seres, evitar as monoculturas e o pensamento único, para que predomine a lógica da inclusão e a perspectiva holística (ONU, 1991).

b) *Cuidar da comunidade de vida com compaixão*

Para entendermos corretamente a com-paixão precisamos antes fazer uma terapia da linguagem, pois esta palavra possui, na compreensão comum, conotações pejorativas que lhe roubam o conteúdo altamente positivo. Consoante a compreensão comum, ter compaixão significa *ter pena* do outro, sentimento que o rebaixa à condição de desamparado sem potencialidades próprias e energia interior para se erguer. Então nos *com-padecemos* dele e nos *con-doemos* de sua situação.

Poderíamos também entender a *com-paixão* no sentido do paleocristianismo (o cristianismo originário antes de se constituir igrejas), como sinônimo de misericórdia, sentido altamente positivo (Sobrino, 1998; Fox, 1980). Ter miseri-cór-dia equivale a ter um coração (*cor*) capaz de sentir os *míseros* e sair de si para socorrê-los. Atitude que a própria filologia da palavra com-paixão sugere: compartir a paixão do outro e *com* o outro, sofrer *com* ele, alegrar-se *com* ele, andar o caminho *com* ele. Mas essa acepção historicamente não conseguiu se impor. Predominou aquela moralista e menor de quem olha de cima para baixo e descarrega uma esmola na mão do sofredor. Mostrar misericórdia equivaleria a fazer *caridade* ao outro, caridade assim criticada pelo poeta cantante argentino Atauhalpa Yupanqui: "Eu desprezo a caridade pela vergonha que encerra. Sou como o leão da serra que vive e morre em solidão" (Galasso, 1992, 186).

Diferente, entretanto, é a concepção budista de com-paixão. Talvez seja a compaixão uma das maiores contribuições éticas que o Oriente oferece à Humanidade. Compaixão tem a ver com a questão básica que deu origem ao budismo como caminho ético e espiritual. A questão é: qual é o melhor meio para libertar-nos do sofrimento? A resposta de Buda é: "pela com-paixão, pela infinita com-paixão".

Dalai Lama atualiza essa ancestral resposta assim: *ajude os outros sempre que puder e, se não puder, jamais os prejudique* (1996, 264). Essa compreensão coincide com o amor e o perdão incondicionais propostos por Jesus.

A *grande com-paixão* (*karuna* em sânscrito) implica em duas atitudes: *desapego* de todos os seres da comunidade de vida e *cuidado* para com todos eles. Pelo *desapego* nos distanciamos deles, renunciando à sua posse e aprendendo a respeitá-los em sua alteridade e diferença. Pelo *cuidado* nos aproximamos dos seres para entrar em comunhão com eles, responsabilizar-nos pelo bem-estar deles e socorrê-los no sofrimento.

Eis um comportamento solidário que nada tem a ver com a pena e a mera *caridade* assistencialista. Para o budista o nível de desapego revela o grau de liberdade e maturidade que a pessoa alcançou. E o nível de cuidado mostra o quanto de benevolência e responsabilidade a pessoa desenvolveu para com toda a comunidade de vida e para com todas as coisas do universo. A com-paixão engloba as duas dimensões. Exige, pois, liberdade, altruísmo e amor.

O *ethos* que se compadece não conhece limites. O ideal budista é o *bodhisattva*, aquela pessoa que leva tão longe o ideal da com-paixão que se dispõe a renunciar ao nirvana, e até aceita passar por um número infinito de vidas, só para ajudar os outros em seu sofrimento. Esse altruísmo se expressou na oração do bodhisattva: "Enquanto durar o tempo, persistir o espaço e houver pessoas que sofrem, quero eu também durar até libertá-las do sofrimento" (Dalai Lama, 1999, 219). A cultura tibetana expressa esse ideal por meio da figura de Buda, dos mil braços e dos mil olhos. Com eles pode, compassivo, atender a um número ilimitado de pessoas.

O *ethos* que se compadece, na percepção budista, nos ensina como deve ser nossa relação para com a comunidade de vida: respeitá-la em sua alteridade, conviver com ela como membro e cuidar dela e, especialmente, regenerar aqueles seres que sofrem ou estão sob ameaça de extinção. Só então poderemos nos beneficiar com seus dons, na justa medida, em função daquilo que precisamos para viver com suficiência e decência.

c) *Cuidar da comunidade de vida com amor*

O amor é a força maior existente no universo, nos seres vivos e nos humanos. Pois o amor é uma força de atração, de união e de transfiguração. Já o mito grego antigo o formulava da seguinte forma: "Eros, o deus do amor, ergueu-se para criar a Terra. Antes, tudo era silêncio, nu e imóvel. Agora tudo é vida, alegria, movimento." O amor é a expressão mais alta do cuidado, porque tudo o que amamos também cuidamos. E tudo o que cuidamos é um sinal que também amamos.

Humberto Maturana, um dos expoentes maiores da biologia contemporânea, mostrou em seus estudos sobre a *autopoiesis*, vale dizer, sobre a auto-organização da matéria da qual resulta a vida, como o amor surge de dentro do processo cósmico. Na natureza, afirma Humberto Maturana (1995 e 1997), se verificam dois tipos de acoplamentos dos seres com o meio e entre si, um *necessário*, ligado à própria subsistência dos seres e outro *espontâneo*, vinculado a relações gratuitas, por puro prazer, no fluir do próprio viver. Quando este ocorre, mesmo em estágios primitivos da evolução há bilhões de anos, surge o amor como fenômeno cósmico e biológico. Na medida em que o universo se expande e se complexifica, esse acoplamento espontâneo e amoroso tende a incrementar-se. Ao nível humano, ganha força e se torna o móvel principal das ações humanas. Foi essa relação de amorificação e de cuidado que permitiu nossos ancestrais hominidas e antropoides darem o salto rumo à Humanidade. A própria linguagem, característica do ser humano, surgiu no interior deste dinamismo de amor e de cuidado recíproco.

O amor se orienta sempre pelo outro. Significa sempre uma aventura abraamica, a de deixar a sua própria realidade e ir ao encontro do diferente e estabelecer uma relação de aliança, de amizade e de amor com ele. Este é o lugar do nascimento da ética (Boff, 2003).

Quando o outro irrompe à minha frente, nasce a ética. Porque o outro me obriga a tomar uma atitude prática, de acolhida, de indiferença, de rechaço, de destruição. O outro significa uma proposta que pede uma res-posta com res-ponsa-bilidade.

O limite mais oneroso do paradigma ocidental tem a ver com o outro, pois não lhe reserva um lugar especial. Na verdade, não sabe o que fazer com ele: ou o incorporou, ou o submeteu ou o destruiu. Isso se aplica também à comunidade de vida. Ele viveu um rígido antropocentrismo que não deixava espaço para a alteridade da natureza. A relação não era de comunhão e inclusão mas de exploração e submetimento. Ao negar o outro, ele perdeu a chance da aliança, do diálogo e do mútuo aprendizado. Vigorou o paradigma da identidade sem a diferença, na esteira do pré-socrático Parmênides.

O outro faz surgir o *ethos* que ama. Paradigma deste *ethos* é o Cristianismo das origens, o Paleocristianismo. Este se diferencia do Cristianismo histórico e de suas igrejas, porque em sua ética foi mais influenciado pelos mestres gregos do que pela mensagem e prática de Jesus. O paleocristianismo, ao contrário, dá absoluta centralidade ao amor ao outro, para Jesus, idêntico ao amor a Deus. O amor é tão central que quem tem o amor tem tudo. Ele testemunha esta sagrada convicção de que Deus é amor (1Jo 4, 8), o amor vem de Deus (1Jo 4, 7) e o amor não morrerá jamais (1Cor 13, 8). E esse amor é incondicional e universal, pois inclui também o inimigo (Lc 6, 35). O *ethos* que ama se expressa na lei áurea, testemunhada por todas as tradições da humanidade: "Ame o próximo como a ti mesmo; não faça ao outro o que não queres que te façam a ti".

O amor é assim central porque para o Cristianismo o outro é central. Deus mesmo se fez outro, pela encarnação. Sem passar pelo outro, sem o outro, ainda mais outro que é o faminto, o pobre, o peregrino e o nu, não se pode encontrar Deus nem alcançar a plenitude da vida (Mt 25, 31-46). Essa saída de si em direção ao outro para amá-lo nele mesmo, amá-lo sem retorno, de forma incondicional, funda um *ethos* o mais inclusivo possível, o mais humanizador que se possa imaginar. Esse amor é um movimento só, vai ao outro, à comunidade de vida e a Deus.

Ninguém no Ocidente melhor do que São Francisco de Assis se transformou num arquétipo dessa ética amorosa e cordial. Ele unia as duas ecologias, a interior, integrando suas emoções e desejos, e a exterior, se irmanando com todos os seres. Comenta Eloi Leclerc, um dos melhores pensadores franciscanos de nosso tempo, sobrevivente dos campos de extermínio nazista de Buchenwald:

> Em vez de enrijecer-se e fechar-se num soberbo isolamento, deixou-se despojar de tudo, fez-se pequenino, colocou-se, com grande humildade, no meio das criaturas. Próximo e irmão das mais humildes dentre elas. Confraternizou-se com a própria Terra, como seu húmus original, com suas raízes obscuras. E eis que a "nossa irmã e Mãe-Terra" abriu diante de seus olhos maravilhados um caminho de fraternidade e sororidade sem limites, sem fronteiras. Uma fraternidade que abrangia toda a criação. O humilde Francisco tornou-se o irmão do Sol, das estrelas, do vento, das nuvens, da água, do fogo e de tudo o que vive (199, 124).

Esse é o resultado de um amor essencial que abraça toda a comunidade de vida com carinho, enternecimento e amor.

O ethos que ama funda um novo sentido de viver. Amar o outro, seja o ser humano, seja cada representante da comunidade de vida, é dar-lhe razão de existir. Não há razão para existir. O existir é pura gratuidade. Amar o outro é querer que ele exista porque o amor faz o outro importante. "Amar uma pessoa é dizer-lhe: tu não morrerás jamais" (G.Marcel), tu deves existir, tu não podes morrer."

Quando alguém ou alguma coisa se faz importante para o outro, nasce um valor que mobiliza todas as energias vitais. É por isso que quando alguém ama, rejuvenesce e tem a sensação de começar a vida de novo. O amor é a fonte dos valores.

Somente esse *ethos* que ama está à altura dos desafios que nos vêm da comunidade de vida, devastada e ameaçada em seu futuro. Esse amor respeita alteridade, se abre a ela, e busca uma comunhão que enriquece a todos. Faz dos distantes, próximos, e dos próximos, irmãos e irmãs.

4. A *Carta da Terra*: um novo reencantamento

Hoje entendemos que a revolução ética que implica compreensão, compaixão e amor se faz imperativa. Como pertence à essência do humano, o cuidado pode servir de consenso mínimo sobre o qual se pode fundar uma ética planetária, ética compreensível por todos e praticável por todos (Boff, 2003).

Há dois pensadores que nos ajudam a entender essa urgência, Max Weber e Friedrich Nietzsche. Weber caracteriza a sociedade moderna pelo processo de secularização e pelo desencantamento do mundo. Não que as religiões tenham desaparecido. Elas estão aí e até voltam com renovado fervor. Mas não são mais elo de coesão social. Agora predominam a produção e a função, e menos o valor e o sentido. O mundo perdeu seu encanto.

Nietzsche anunciou a morte de Deus. Mas há que se entender bem Nietzsche. Ele não diz que Deus morreu, senão que nós o matamos. Quer dizer: Deus está socialmente morto. Em seu nome não se cria mais comunidade nem se funda coesão social.

Por milhares de anos era a religião que ligava e religava as pessoas e criava o laço social. Agora não é mais. Isso não significa que agora impera o ateísmo. O oposto à religião não é o ateísmo mas a ruptura e a quebra da relação. Hoje vivemos coletivamente rompidos por dentro e desamparados. Praticamente nada nos convida a viver juntos e a construir um sonho comum. Entretanto, a humanidade precisa de algo que lhe confira um sentido de viver e que lhe forneça uma imagem coerente de si mesma, e uma esperança para o futuro (Toolan).

É nesse contexto maior que deve ser lida a *Carta da Terra*. Ela reúne um conjunto de visões, valores e princípios que podem reencantar a sociedade mundial. Como vimos, coloca em seu centro a comunidade de vida à qual pertencem a Terra e a Humanidade, que são momentos do universo em evolução. Todos os problemas são vistos interdependentes, os ambientais, os sociais, os econômicos, os culturais e os espirituais, obrigando-nos a forjar soluções includentes.

O desafio que a situação atual do mundo nos impõe, especialmente após a constatação do aquecimento global e das mudanças climáticas irrefreáveis, é, segundo a Carta: "Ou formar uma aliança global para cuidar da Terra e uns dos outros ou então arriscar a nossa destruição e a devastação da diversidade da vida."

Dois princípios visam viabilizar essa aliança: a *sustentabilidade* e o *cuidado*. A sustentabilidade se alcança quando usamos com racionalidade os recursos naturais, em harmonia com a lógica da vida e com solidariedade face às futuras gerações. E o cuidado é um comportamento benevolente, respeitoso e não agressivo para com a natureza, que permite regenerar o devastado e zelar por aquilo que ainda resta da natureza, da qual somos parte e com um destino comum.

O poeta e cantor brasileiro Milton Nascimento cantava numa de suas canções: *Há que se cuidar do broto para que a vida nos dê flor e fruto*. Isso se aplica à Terra e a todos os ecossistemas: há que se cuidar, *com compreensão, compaixão e amor, da Terra*, entendida como Gaia, para que ela possa assegurar sua vitalidade, integridade e beleza. Terra e Humanidade formam uma única entidade, com uma mesma origem e um mesmo destino. Só o cuidado garantirá a sustentabilidade do sistema-Terra com todos os seres da comunidade de vida entre os quais se encontra o ser humano, um elo entre outros, desta imensa corrente de vida.

BIBLIOGRAFIA

Boff, L., (2003). Uma ética para salvar a Terra; A ética do cuidado essencial, em *Ética e eco-espiritualidade*. Campinas: Verus.
____ (1999). *Saber cuidar*. Petrópolis: Vozes.
____ (2003). *Ethos mundial, um consenso mínimo entre os humanos*. Rio de Janeiro: Sextante.
____ (2002). *Do iceberg à arca de Noé*. Rio de Janeiro: Garamond.
____ (2003). *Ética e moral*. Fundamentos. Petrópolis: Vozes.
Corcoran, P.B. e Wohlpart, A.J., (2008). *A Voice for Earth. American Writers Respond to the Earth Charter*. Athens and London: The University of Georgia Press.
Dalai Lama, (1996). *The Good Heart*. Medio Media, 264.
____ (1999). *Ethics for a New Millenium*, 219.
Fox, M., (1990). *A Spirituality Named Compassion*. São Francisco: Harper & Row.
Fry, S. T., (1993). *A Global Agenda for Caring*. Nova York: National League for Nursing Press.
Lecler, E., (1999). *Le soleil se lève sur Assise*. Paris: Desclée de Brouwer.
Leininger M. e Watson J., (1990). *The Caring Imperative in Education*. Nova York: Nation League for Nursing.
Maturana, H., (1997). *A ontologia da realidade*. Belo Horizonte: Editora da UFMG, 1997.
____ (1995). *A árvore do conhecimento*. As bases biológicas do entendimento humano. Campinas: Psy II, 1995.
____ e Varela F., (1997). *De máquinas e seres vivos*. Autopoiese: a organização do ser vivo. Porto Alegre: Artes Médicas.
Moltmann, J., (1990). *Die Entdeckung der Anderen*. Zur Theorie des kommunikativen Erkennes, em *Evangelische Theologie*, n.5, p. 400-414.
Toolan, D., (2001). *At Home in the Cosmos*. Part III. The State of the Earth. Nova York: Orbis Books, 2001
Torralba I. Roselló, F., (1998). *Antropología del Cuidar*. Barcelona: Fundación Mapfre Medicina.
Sobrino, J., (1998). Princípio misericórdia. Santander: Sal Terrae.
ONU, (1991). *Caring for the Earth*.
Waldow, V.R., (1998). *Cuidado humano – resgate necessário*. Porto Alegre: Sagra Luzzatto.

Capítulo IX

DICAS PRÁTICAS PARA CUIDAR DE GAIA

Queremos, como conclusão, ir além das reflexões e apontar caminhos práticos. Na verdade, são práticas e não prédicas, por mais pertinentes que sejam, que transformam a realidade. Nunca antes foi tão urgente buscarmos um novo começo, impulsionados pelos sonhos, ideias e visões que estão surgindo na Humanidade.

Nada aqui é completo. Tudo são sugestões no sentido de cada um fazer suas *revoluções moleculares* como insistia tanto Felix Guatarri. Revoluções moleculares são aquelas que começam com as pessoas que creem nas virtualidades latentes em si mesmas e que estão convencidas de que a grande virada se faz a partir de uma cadeia de pequenas viradas. Elas constituem o que anteriormente chamávamos de *efeito borboleta positivo*.

Cada coisa certa e pertinente que fizermos repercute sobre o Todo. Por isso tudo é importante, seja o que é feito num grande laboratório, numa decisão política ou numa manifestação indígena contra a guerra do Iraque, no interior da floresta Amazônica. Tudo concorre para resgatar, sanar e animar a vida de Gaia e a nossa própria vida.

Vamos sugerir algumas pistas para nos ajudar no amor à Terra e na salvaguarda da vida. Todas as mudanças importantes na história começam nas mentes, nos sonhos e na consciência das pessoas. Para mudar, precisamos querer e definir um certo caminho e direção.

1 Mudanças em nossa mente

Alimente sempre a convicção e a esperança de que outra relação para com a Terra é possível, em maior harmonia com seus ciclos e respeitando seus limites.

Acredite que a crise ecológica não precisa se transformar numa tragédia, mas numa nova oportunidade de mudança para um outro tipo de sociedade mais respeitadora da natureza e mais inclusiva de todos os seres humanos.

Dê centralidade ao coração, à sensibilidade, ao afeto, à compaixão e ao amor, pois sem eles não vamos nos mobilizar para salvar a Mãe Terra e seus ecossistemas.

Reconheça que a Terra é viva mas finita, semelhante a um sistema fechado como uma nave espacial, com recursos escassos.

Resgate o princípio da re-ligação: todos os seres, especialmente, os vivos, são interdependentes e são expressão da vitalidade do Todo que é o sistema-Terra, por isso, todos temos um destino comum e devemos nos acolher fraternalmente, sem medo.

Entenda que a sustentabilidade global só será garantida mediante o respeito aos ciclos naturais, consumindo com racionalidade os recursos não renováveis e dar tempo à natureza para regenerar os renováveis.

Dê valor à biodiversidade, quer dizer, valorize cada ser vivo ou inerte, pois ele tem valor em si mesmo e ocupa o seu lugar no Todo; é a biodiversidade que garante a vida como um todo, pois propicia a cooperação de todos com todos em vista da sobrevivência comum.

Valorize as virtualidades contidas no pequeno e no que vem de baixo, pois aí podem estar contidas soluções globais, bem expressas pelo *efeito borboleta positivo*.

Quando estiver confuso e não enxergar mais o horizonte, confie na imaginação criativa, pois ela contém as respostas escondidas para as nossas perplexidades.

Esteja convencido de que para os problemas da Terra não há apenas uma solução, mas muitas que devem surgir do diálogo, das trocas e das complementariedades entre todos os povos.

Nunca considere a realidade como algo simples; ela é sempre complexa, pois um sem-número de fatores estão concorrendo a cada instante para que ela exista e continue dentro do ecossistema. Por isso devemos enfrentar os problemas em todas as suas frentes. E as soluções devem ser inclusivas das várias esferas da realidade.

Exercite o pensamento lateral, quer dizer, coloque-se no lugar do outro e tente ver com os olhos dele. Aí verá a realidade de forma diferente e mais completa e em sua complementariedade.

Respeite as diferenças culturais (culturas camponesa, urbana, nordestina, amazônica, negra, indígena, masculina, feminina etc.), pois todas elas mostram a versatilidade da essência humana e nos enriquecem, uma vez que tudo no humano é complementar. Podemos ser humanos de tantas formas diferentes, sendo todas elas ricas e enriquecedoras.

Supere o pensamento único da ciência dominante e valorize os saberes cotidianos, das culturas originárias e do mundo agrário, porque eles ajudam na busca de soluções globais.

Exija que a ciência se faça com consciência e suas práticas sejam submetidas a critérios éticos a fim de que as conquistas alcançadas beneficiem mais à vida e à Humanidade do que ao mercado e ao lucro.

Não deixe de valorizar a contribuição das mulheres porque elas têm naturalmente a lógica do complexo e são mais sensíveis a tudo o que tem a ver com a vida.

Coloque acima de tudo a equidade (a distribuição o mais igualitária possível, consoante às necessidades e capacidades das pessoas) e o bem comum, pois as conquistas humanas devem beneficiar a todos, não apenas 18% da humanidade, como ocorre atualmente.

Faça um opção consciente por uma vida de simplicidade que se contrapõe ao consumismo.

Acredite que poderá viver melhor com menos, dando mais importância ao ser do que ao ter e ao aparecer.

Seja um cultivador de valores *intangíveis*, quer dizer, daqueles bens relacionados à gratuidade, à solidariedade, à cooperação e à beleza, como os encontros pessoais, as trocas de experiências, o cultivo da arte, especialmente, da música; em tudo isso o que conta não é a quantidade e o preço, mas a qualidade e o valor.

Acredite da resiliência, que é a capacidade de, nos fracassos e tropeços, dar a volta por cima, e a capacidade de aprender deles, manejando-os a seu favor.

Considere-se antes parte da solução do que parte do problema.

2. Mudanças na vida cotidiana

Procure em tudo o caminho do diálogo e da flexibilidade porque são eles que garantem o *ganha-ganha*, e são a forma de diminuir os conflitos.

Escute mais do que fale para permitir uma convergência dentro das diversidades.

Valorize tudo o que vem da experiência, dando especial atenção aos que são ignorados pela sociedade.

Tenha sempre em mente que o ser humano é um ser contraditório, sapiente e ao mesmo tempo demente; por isso deve-se impor a distância crítica junto com a compreensão, e a tolerância face à sua dimensão de sombra.

Leve a sério o fato de que as virtualidades cerebrais e espirituais do ser humano constituem um campo quase inexplorado, pois somente uma pequeníssima parte foi desenvolvida; por isso sempre esteja aberto à irrupção do improvável e do inconcebível.

Por mais problemas que tenha, a democracia sem fim sempre é a melhor forma de relação e de solução de conflitos, democracia a ser vivida na família, na comunidade, nas relações sociais e na organização do Estado. Ela expressa e permite a vontade de participação de cada um. Ela pode crescer mais e mais, por isso, é sem fim. Entender o socialismo ético e político como a radicalização da democracia.

Não queime lixo e outros dejetos, pois eles fazem aumentar o aquecimento global.

Avise pessoas adultas ou às autoridades quando souber de desmatamentos, incêndios florestais, comércio de bromélias, plantas exóticas e animais silvestres.

Ajude a manter um belo visual de sua casa, da escola ou do local de trabalho, pois a beleza é parte da ecologia social e mental.

Anime grupos para que no bairro se crie um veículo de comunicação, que seja uma folha ou um pequeno jornal, para debater questões ambientais e sociais e que possa acolher sugestões de todos em vista da melhoria local.

Fale com frequência em casa, com os amigos, com os moradores de seu prédio e na rua sobre temas ambientais e de nossa responsabilidade pela qualidade de vida e pelo futuro da natureza.

3. Mudanças nas relações para com o meio ambiente

Reduzir, reutilizar, reciclar, rearborizar, rejeitar (o consumismo, a propaganda espalhafatosa) e respeitar. Estes seis erres (r) nos ajudam a sermos responsáveis face à escassez de recursos naturais, e são formas de sequestrar dióxido de carbono e outros gases poluentes da atmosfera.

Se você mora num prédio sem coleta seletiva de lixo, procure organizar com outros moradores tal tipo de coleta. Caso não haja locais próprios para depositar o lixo, procure um catador que geralmente passe por sua rua e combine com ele para pegar o lixo num determinado dia da semana.

Organize grupos, envolvendo jovens e adultos, para limpar áreas livres de seu bairro, não permitindo que aí se despeje lixo.

Não jogue lixo na rua e se enxergar alguém fazendo isso, peça que não o faça. Cultive o hábito de ter sempre um saco de lixo dentro de seu carro.

Quando for à praia ou a um piquenique ou acampamento no mato, leve um saquinho para carregar o lixo para casa.

Coloque os sacos de lixo na rua em um horário próximo ao da passagem do caminhão de coleta. Dessa forma você evita que os sacos fiquem ao relento e sejam rasgados pelos animais.

Em casa, evite usar objetos descartáveis, prefira os copos de vidro e, se possível, guardanapos de pano.

Leve suas cestas e sacolas de pano para o supermercado para substituir as bolsas de plástico.

Papéis, latas, vidros e plásticos limpos são aptos para a reciclagem. Informe-se onde este material pode ser entregue.

Coloque óleos usados em garrafas plásticas para serem trocados por produtos de higiene ou vendidos, pois deles se pode tirar biocombustíveis.

Nunca jogue lixo em rios ou córregos. É esse lixo que provoca inundações.

Sempre que for descartar baterias e pilhas, procure locais que tenham coleta desse material.

Escove os dentes com a torneira fechada e abra-a somente para enxaguar a boca e a escova.

Nunca aperte a descarga por mais tempo.

Não exagere no tempo de ficar debaixo do chuveiro.

Na hora de lavar a louça, ensaboe tudo e enxágue somente depois.

Use o balde para lavar o carro na calçada.

Nunca deixe a luz acesa ao sair de um recinto. Desligue ainda a TV, o som, o computador e os videogames.

Durante o dia, abra as janelas e aproveite a luz do dia.

Não deixe a porta da geladeira aberta por mais tempo do que necessário para pegar o que precisa.

No hotel, economize toalhas e lençóis, para que não seja preciso trocá-los todo o dia.

No calor, ajuste o chuveiro para a posição de verão.

Substitua uma lâmpada incandescente por outra fluorescente que consome 60% menos energia e poupa 68 kg de carbono por ano.

Dirija menos — caminhe, ande de bicicleta, partilhe o carro ou use os transportes públicos com mais frequência. Você poupará 0,5 kg de dióxido de carbono por cada 1,5 quilômetros que não conduzir!

Acostume-se a reciclar o mais que puder, pois você poupará 1.000 kg de dióxido de carbono por ano, reciclando apenas metade do seu desperdício caseiro.

Mantenha os pneus do carro devidamente calibrados. Isso pode melhorar o consumo de combustível em mais de 3%. Cada 4 litros de combustível poupado retira 9 kg de dióxido de carbono da atmosfera!

Evite produtos com muita embalagem; você pode poupar 545 kg de dióxido de carbono se reduzir o lixo em 10%.

Compre alimentos produzidos na sua região, preferentemente orgânicos, pois fará economia no transporte e incentivará o crescimento local.

Dê de presente nos aniversários e nas festas uma plantinha nativa, pois assim ajuda a rearborizar a Terra.

Plante árvores, pois uma única árvore sequestra uma tonelada de dióxido de carbono durante a sua vida.

Deixe áreas com terra no quintal e faça um jardim. Além de ser bonito, a terra absorve água da chuva, evitando alagamentos.

Seja parte da solução, prestando atenção à qualidade do meio ambiente e tornando-se um cidadão com consciência ecológica.

Essas são algumas poucas sugestões que devem nascer de uma nova consciência dos direitos ecológicos e da necessidade de fazermos a grande revolução que só acontecerá se começar com as revoluções moleculares a partir das pessoas e dos grupos.

4. Conselhos ecológicos do Padre Cícero Romão

O Padre Cícero Romão Batista, um dos ícones religiosos do povo nordestino, teve ainda no século XX uma sensível percepção ecológica. Elaborou dez preceitos que ensinava aos sertanejos (*Pensamento vivo do Padre Cícero*, 1988):

- Não derrube o mato nem mesmo um só pé de pau.
- Não toque fogo nem no roçado nem na caatinga.
- Não cace mais e deixe os bichos viverem.
- Não crie o boi nem o bode soltos: faça cercados e deixe o pasto descansar para se refazer.
- Não plante em serra acima, nem faça roçado em ladeira muito em pé; deixe o mato protegendo a terra para que a água não a arraste e não se perca a sua riqueza.
- Faça uma cisterna no oitão de sua casa para guardar água da chuva.
- Represe os riachos de 100 em 100 metros ainda que seja com pedra solta.
- Plante cada dia pelo menos um pé de algaroba, de caju, de sabiá ou outra árvore qualquer, até que o sertão seja uma mata só.

- Aprenda a tirar proveito das plantas da caatinga, como a maniçoba, a favela e a jurema; elas podem ajudar na convivência com a seca.
- Se o sertanejo obedecer a estes preceitos, a seca vai aos poucos se acabando, o gado melhorando e o povo terá sempre o que comer.
- Mas, se não obedecer, dentro de pouco tempo o sertão todo vai virar um deserto só.

5. Princípios ecológicos de um mestre e sábio

Concluiremos estas pautas de ação com alguns princípios sugeridos pelo pensador francês, verdadeiro mestre e sábio, que muito colaborou com o pensamento da complexidade e da ecologia, Edgar Morin. Este princípio subjazem a todos os processos imaginativos e inovadores. Vamos simplificar sua formulação.

- Adira ao *princípio esperança*, que é da essência do ser humano e nos faz crer nas virtualidades presentes no processo natural e evolutivo que podem a todo momento irromper e superar os impasses do presente.
- Acolha o *princípio do inconcebível*: todas as grandes transformações ou criações foram tidas como impensáveis antes de haverem acontecido.
- Abrace o *princípio do improvável:* tudo o que de bom ocorreu na história foi sempre *a priori* improvável.
- Aceite o *princípio minhoca:* a minhoca está sempre escavando o subsolo antes que a superfície seja atingida. Quer dizer, não se contente com as soluções meramente visíveis, faça esforço de ir às raízes dos problemas.

- Incorpore o *princípio da percepção do perigo:* captando com antecedência os riscos e os perigos podemos evitá-los ou estar preparados para superá-los.
- Adote o *princípio antropogênico*: o ser humano é um projeto infinito e está ainda em processo de nascimento e crescimento. Ele é inteiro mas não acabado. Apenas algumas virtualidades presentes nele puderam se realizar historicamente, havendo sempre a possibilidade de novas irromperem. A morte é o momento em que caem as barreiras espaço-temporais e, assim, se criam as condições para que tais virtualidades possam se realizar plenamente.

A realização desses princípios pode transformar a crise numa oportunidade de transformações teóricas e práticas, que conferirá sustentabilidade ao planeta Terra, favorecerá a superação das graves ameaças atuais e propiciará a instauração de um modo sustentável de viver.

A Opção-Terra e o Princípio-Terra deixam de ser uma proposta voltada para o futuro para se transformarem em ações inovadoras e gestadoras do novo imediatamente, inaugurando assim um outro ensaio civilizatório, agora em nível mundial.

BIBLIOGRAFIA

Almanaque Brasil Socioambiental (2004). São Paulo: Instituto Socioambiental.

Correio Riograndense 08/09/2007 p. *11* (Caxias do Sul-RS): "Abrindo os sacos de lixo".

Dez coisas a fazer baseado em Al Gore. *Uma verdade incômoda;* divulgado por Oceanário de Portugal: http://climatecrisis.net

Elizalde, A., (2002). "Otro sistema de creencias como base y consecuencia de una sustentabilidad posible", em Leff, E. (coord.), *Ética, vida, sustentabilidade*. México. Programa de las Naciones Unidas para el Medio Ambiente.

Internet: http./planetapem.blogspot.com/2007/10/51- dicas práticas-para-voc-economizar.html. Também em Revista do Meio Ambiente, novembro 2007, p. 26-27.

Novo, M., (2006). *El desarollo sostenible*. Su dimensión ambiental y educativa, Madrid: Pearson Prentice Hall. Capítulo: "*Cómo organizar el viaje: imaginación, equidad y resiliencia*", p. 243-348.

____ (1995). *La educación ambiental: bases éticas, conceptuales y metodológicas*, Madri: Universitas.

Morin, E., (1999). *La mente bien orde*nada, Barcelona: Seix Barral.

Padre Cícero, (1988). *Pensamento vivo do Padre Cícero*. Rio de Janeiro: Ediouro.

Vários, *Meio Ambiente: 30 dicas para cuidar do planeta*. São Paulo: Editora Abril 2006.

Vários, "*Claves para conseguir una oficina sostenible*", em *Cinco Dias* (jornal), Madrid, 4 de junho de 2007, p. 6.

Capítulo X

CELEBRAÇÃO À MÃE TERRA

No dia Mundial do Meio Ambiente, sozinho num canto do jardim onde posso ver tudo sem ser visto por ninguém, fui tomado de comoção pela majestade das montanhas que protegem, quais guardiães, minha casa, e pelo azul profundo do céu matinal.

E então assaltou-me a vontade de celebrar a eucaristia como o faz a Igreja Católica. O horizonte era o altar, o pão sagrado, a Terra inteira, e o cálice, o espaço formado por duas montanhas que se abrem em forma de V.

Li textos sagrados. Meditei salmos de louvor pela grandiosidade da criação. Lembrei-me da *Missa sobre o mundo,* de Pierre Teilhard de Chardin, celebrada sem pão e sem vinho no deserto de Gobi na China, em pleno dia de Páscoa.

Sobre a pátena do horizonte, ofereci o universo inteiro com suas galáxias, miríades de estrelas e incontáveis planetas.

Eis que chegou o momento mágico e místico da consagração. E então, com as mãos trêmulas pelas energias cósmicas que entranham a realidade e com os lábios incandescentes pelo fogo das palavras sagradas, pronunciei com reverência:

"Terra minha querida, Grande Mãe e Casa Comum! Finalmente chegou a tua hora de unir-te à Fonte de todo ser e de toda vida. Vieste nascendo para isto, lentamente, há milhões e milhões de anos, grávida de energias criadoras.

Teu corpo, feito de pó cósmico, era uma semente no ventre das grandes estrelas vermelhas que depois explodiram, te lançando pelo espaço ilimitado. Vieste aninhar-te, como embrião, no seio de um Sol ancestral, no interior da Via Láctea. Ela também sucumbiu de tanto esplendor. Explodiu e seus elementos foram ejetados em todas as direções do universo.

Tu vieste então parar no seio acolhedor de uma Nebulosa, onde, já menina crescida, perambulavas em busca de um lar. A Nebulosa se adensou virando um Sol esplêndido de luz e de calor. Ele se enamorou de ti, te atraiu e te quis em sua casa, junto com Marte, Mercúrio, Vênus e outros planetas.

Celebrou um esponsal contigo. De teu matrimônio com o Sol, nasceram filhos e filhas, frutos de tua ilimitada fecundidade, desde os mais pequenininhos, como bactérias, vírus e fungos, até os maiores e mais complexos seres vivos. Como expressão nobre da história da vida, geraste a nós, homens e mulheres.

Por meio de nós, tu, Terra querida, sentes, pensas, amas, falas e veneras. E continuas crescendo, embora adulta, para dentro do universo rumo ao seio do Deus-Pai-e-Mãe de infinita ternura. Dele viemos e para ele retornamos com uma implenitude que só Ele pode preencher. Queremos, ó Deus, mergulhar em Ti e ser um contigo para sempre junto com a Terra.

E agora, Terra querida, realizo o gesto de Jesus na força de seu Espírito. Como ele, cheio de unção, te tomo em minhas mãos impuras, para pronunciar sobre ti a Palavra sagrada que o universo escondia e tu ansiavas por ouvir:

Hoc est corpus meum: Isto é o meu corpo. *Hoc est sanguis meus.* Isto é o meu sangue. E então senti: o que era Terra se transformou em Paraíso e o que era vida humana se transfigurou em vida divina. O que era pão se fez corpo de Deus, e o que era vinho se fez sangue sagrado.

Finalmente, Terra, com teus filhos e filhas chegaste em Deus. Te fizeste Deus por participação. Enfim em casa.

Fazei isso em minha memória.

Por isso, de tempos em tempos, cumpro o mandato do Senhor. Pronuncio a palavra essencial sobre ti, Terra querida, e sobre todo o universo. E junto com ele e contigo nos sentimos o Corpo de Deus, no pleno esplendor de sua glória. Amém, amém."

OUTRAS OBRAS DO AUTOR

Jesus Cristo libertador. 19ª edição. Petrópolis: Vozes, 1972.
Die Kirche als Sakrament im Horizont der Welterfahrung. Paderborn: Verlag Bonifacius-Druckerei, 1972. (edição esgotada).
A nossa ressurreição na morte. 10ª edição. Petrópolis: Vozes, 1972.
Vida para além da morte. 23ª edição. Petrópolis: Vozes, 1973.
O destino do homem e do mundo. 11ª edição. Petrópolis: Vozes, 1973.
Atualidade da experiência de Deus. Petrópolis: Vozes, 1974. (edição esgotada) Reeditado sob o título *Experimentar Deus hoje.* 4ª edição. Campinas: Verus, 2002.
Os sacramentos da vida e a vida dos sacramentos. 26ª edição. Petrópolis: Vozes, 1975.
A vida religiosa e a igreja no processo de libertação. 2ª edição. Petrópolis: Vozes/CNBB, 1975. (edição esgotada)
Graça e experiência humana. 6ª edição. Petrópolis: Vozes, 1976.
Teologia do cativeiro e da libertação. Lisboa: Multinova, 1976. Reeditado pela Vozes em 1998 (6ª edição).
Natal: a humanidade e a jovialidade de nosso Deus. 4ª edição. Petrópolis: Vozes, 1976. Edição atualizada em 2000 (7ª edição).
Paixão de Cristo, paixão do mundo. 6ª edição. Petrópolis: Vozes, 1977.
A fé na periferia do mundo. 4ª edição. Petrópolis: Vozes, 1978. (edição esgotada)
Via sacra da justiça. 4ª edição. Petrópolis: Vozes, 1978. (edição esgotada)
O rosto materno de Deus. 10ª edição. Petrópolis: Vozes, 1979.
O Pai-Nosso. A oração da libertação integral. 11ª edição. Petrópolis: Vozes, 1979.
Da libertação. O teológico das libertações sócio-históricas. 4ª edição. Petrópolis: Vozes, 1976. (edição esgotada)
O caminhar da Igreja com os oprimidos. Rio de Janeiro: Codecri, 1980. (edição esgotada). Reeditado pela Vozes em 1998 (2ª edição).
A Ave-Maria. O feminino e o Espírito Santo. 8ª edição. Petrópolis: Vozes, 1980.
Libertar para a comunhão e participação. Rio de Janeiro: CRB, 1980. (edição esgotada)
Vida segundo o Espírito. Petrópolis: Vozes, 1981. Reedição modificada pela Verus em 2002, sob o título *Crise, oportunidade de crescimento.* (3ª edição)

Francisco de Assis – ternura e vigor. 11ª edição. Petrópolis: Vozes, 1981.
Via-sacra da ressurreição. Petrópolis: Vozes, 1982. Reeditado pela Verus em 2003 sob o título *Via-sacra para quem quer viver*. (2ª edição)
Mestre Eckhart: a mística do ser e do não ter. Petrópolis: Vozes, 1983. Reeditado sob o título O livro da Divina Consolação. (6ª edição)
Do lugar do pobre. 3ª edição. Petrópolis: Vozes, 1984. Reedição revista pela Verus em 2003 sob os títulos *Ética e eco-espiritualidade* (2ª edição) e *Novas formas da Igreja: o futuro de um povo a caminho* (2ª edição).
Teologia à escuta do povo. Petrópolis: Vozes, 1984. (edição esgotada)
Como pregar a cruz hoje numa sociedade de crucificados. Petrópolis: Vozes, 1984. Reeditado pela Verus em 2004, sob o título *A cruz nossa de cada dia* (2ª edição).
Teologia da libertação no debate atual. Petrópolis: Vozes, 1985. (edição esgotada)
Francisco de Assis. Homem do paraíso. 4ª edição. Petrópolis: Vozes, 1985.
A Trindade, a sociedade e a libertação. 5ª edição. Petrópolis: Vozes, 1986.
Como fazer Teologia da Libertação? 9ª edição. Petrópolis: Vozes, 1986.
Die befreiende Botschaft. Herder: Freiburg, 1987.
A Santíssima Trindade é a melhor comunidade. 10ª edição. Petrópolis: Vozes, 1988.
Nova evangelização: a perspectiva dos pobres. Petrópolis: Vozes, 1990. (edição esgotada)
La missión del teólogo en la Iglesia. Verbo Divino: Estella, 1991.
Leonardo Boff. Seleção de textos espirituais. Petrópolis: Vozes, 1991. (edição esgotada)
Leonardo Boff. Seleção de textos militantes. Petrópolis: Vozes, 1991. (edição esgotada)
Con la libertad del Evangelio. Madri: Nueva Utopia, 1991.
América Latina: da conquista à nova evangelização. São Paulo: Ática, 1992.
Mística e espiritualidade (com frei Betto). 4ª edição. Rio de Janeiro: Rocco, 1994. Reedição revista e ampliada pela Garamond em 2005 (6ª edição).
Nova Era: a emergência da consciência planetária. 2ª edição. São Paulo: Ática, 1994. Reeditado pela Sextante em 2003 sob o título *Civilização planetária, desafios à sociedade e ao cristianismo*.
Je m'explique. Paris: Desclée de Brower, 1994.
Ecologia – Grito da terra, grito dos pobres. 3ª edição. São Paulo: Ática, 1995. Reeditado pela Sextante em 2004.
Princípio Terra. A volta à Terra como pátria comum. São Paulo: Ática, 1995. (edição esgotada)
Igreja: entre norte e sul (Org.). São Paulo: Ática, 1995. (edição esgotada)
A Teologia da Libertação: balanços e perspectivas (com José Ramos Regidor e Clodóvis Boff). São Paulo, Ática, 1996. (edição esgotada)

Brasa sob cinzas. 5ª edição. Rio de Janeiro: Record, 1996.
A águia e a galinha: uma metáfora da condição humana. 46ª edição. Petrópolis: Vozes, 1997.
Espírito na saúde. (com Jean-Yves Leloup, PierreWeil e Roberto Crema). 7ª edição. Petrópolis: Vozes, 1997.
Os terapeutas do deserto. De Filon de Alexandria e Francisco de Assis a Graf Dürckheim (com Jean-Yves Leloup). 11ª edição. Petrópolis: Vozes, 1997.
O despertar da águia: o dia-bólico e o sim-bólico na construção da realidade. 20ª edição. Petrópolis: Vozes, 1998.
Das Prinzip Mitgefühl.Texte für eine bessere Zukunft, Herder: Freiburg, 1998.
Saber cuidar. Ética do humano – compaixão pela terra. 15ª edição. Petrópolis: Vozes, 1999.
A oração de São Francisco: uma mensagem de paz para o mundo atual. 9ª edição. Rio de Janeiro: Sextante, 1999. Reeditado pela Vozes em 2009.
Depois de 500 anos: que Brasil queremos. 3ª edição. Petrópolis: Vozes, 2000. (edição esgotada)
Voz do arco-íris. 2ª edição. Brasília: Letraviva, 2000. Reeditado pela Sextante em 2004.
Tempo de transcendência. O ser humano como um projeto infinito. 4ª edição. Rio de Janeiro: Sextante, 2000. (edição esgotada)
Espiritualidade. Um caminho de transformação. 3ª edição. Rio de Janeiro: Sextante, 2001.
Princípio de compaixão e cuidado (em colaboração com Werner Müller). 3ª edição. Petrópolis: Vozes, 2001.
Globalização: desafios socioeconômicos, éticos e educativos. 3ª edição. Petrópolis: Vozes, 2001.
O casamento entre o céu e a terra. Contos dos povos indígenas do Brasil. Rio de Janeiro: Salamandra, 2001.
Fundamentalismo: a globalização e o futuro da humanidade. Rio de Janeiro: Sextante, 2002. (edição esgotada)
Feminino e masculino: uma nova consciência para o encontro das diferenças (com Rose Marie Muraro). 5ª edição. Rio de Janeiro: Sextante, 2002. (edição esgotada)
Do iceberg à Arca de Noé: o nascimento de uma ética planetária. 2ª edição. Rio de Janeiro: Garamond, 2002.
Terra América: imagens (com Marco Antonio Miranda). Rio de Janeiro: Sextante, 2003. (edição esgotada)
Ética e moral: a busca dos fundamentos. 4ª edição. Petrópolis: Vozes, 2003.
O Senhor é meu pastor: consolo divino para o desamparo humano. 3ª edição. Rio de Janeiro: Sextante, 2004. Reeditado pela Vozes em 2009.

Ética e eco-espiritualidade. 2ª edição. São Paulo: Verus, 2004. (edição revista de *Do lugar do pobre* e *E a Igreja se fez povo*, Vozes, 1984 e 1986, respectivamente)

Novas formas da Igreja: o futuro de um povo a caminho. 2ª edição. São Paulo: Verus, 2004. (edição revista de Do lugar do pobre e E a Igreja se fez povo, Vozes, 1984 e 1986, respectivamente)

Responder florindo. Rio de Janeiro: Garamond, 2004.

Igreja, carisma e poder. Rio de Janeiro: Record, 2005.

São José: a personificação do Pai. 2ª edição. Campinas: Verus, 2005.

Virtudes para um outro mundo possível vol. I – Hospitalidade: direito e dever de todos. Petrópolis: Vozes, 2005.

Virtudes para um outro mundo possível vol. II – Convivência, respeito e tolerância. Petrópolis: Vozes, 2006.

Virtudes para um outro mundo possível vol. III – Comer e beber juntos e viver em paz. Petrópolis: Vozes, 2006.

A força da ternura. Pensamentos para um mundo igualitário, solidário, pleno e amoroso. 3ª edição. Rio de Janeiro: Sextante, 2006.

Ovo da esperança: o sentido da festa da Páscoa. Rio de Janeiro: Mar de Ideias, 2007.

Masculino, feminino: experiências vividas (com Lucia Ribeiro). Rio de Janeiro: Record, 2007.

Sol da esperança. Natal: histórias, poesias e símbolos. Rio de Janeiro: Mar de Ideias, 2007.

Mundo eucalipto (com José Roberto Scolforo). Rio de Janeiro: Mar de Ideias, 2008.

Eclesiogênese. A reinvenção da Igreja. Rio de Janeiro: Record, 2008.

Ecologia, mundialização e espiritualidade. Rio de Janeiro: Record, 2008.

Evangelho do Cristo Cósmico. Rio de Janeiro: Record, 2008.

Homem: satã ou anjo bom. Rio de Janeiro: Record, 2008.

Ethos mundial. Rio de Janeiro: Record, 2009.

Ética da vida. Rio de Janeiro: Record, 2009.

A Opção-Terra. Rio de Janeiro: Record, 2009.

Este livro foi composto na tipologia Rotis Serif,
em corpo 11/15,6, e impresso em papel off-white 80g/m²
pelo Sistema Cameron da Distribuidora Record
de Serviços de Imprensa S. A.